清华
科技大讲堂

从"1"开始 开始 3D 编程

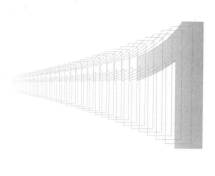

徐星◎编著

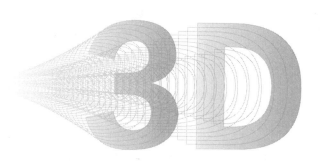

清华大学出版社
北京

内 容 简 介

本书系统全面地介绍了在透视投影、正交投影、光线追踪等不同场景下,3D 编程的基础知识,简称为"1"。1 包含两方面的内容:输入的顶点纹理坐标 1,经过 3D 流水线处理后,输出内容的尺寸;3D 程序和流水线的几何数学基础。本书可以作为分析 Android、Chromium 的图形系统和设计游戏引擎的理论基础,也可以作为高校计算机图形学课程的参考读物。

本书将透视投影拆分为几何模型和透视除法模型两部分进行分析;也分析了 3D 程序常用的模型视图变换、视口变换、纹理映射等对 3D 顶点纹理坐标 1 的影响;分析了虚拟现实使用的透镜畸变的形成原因,以及通过模型变换或者纹理映射实现的畸变校正。本书还分析了一些基于透视投影或者类似透视投影的常用 3D 编程模型,如双摄像头立体成像、延迟渲染、阴影等。对于正交投影,分析了正交投影的基本变换,同时分析了基于正交投影的 Skia,包括 Skia 的顶点坐标、纹理坐标等的特点。此外,本书分析了光线追踪的基本原理,并利用计算着色器模拟了部分物体的光线追踪。最后,介绍了一种通用的 GPU 的多进程、多线程模型。

本书提供了大量基于 WebGL 和 Vulkan 的示例来验证书中的结论,以加深读者对问题的理解。

图书在版编目(CIP)数据

从"1"开始 3D 编程/徐星编著. —北京:清华大学出版社,2020.7
(清华科技大讲堂)
ISBN 978-7-302-54804-1

Ⅰ. ①从… Ⅱ. ①徐… Ⅲ. ①透视投影-程序设计   Ⅳ. ①P282.1

中国版本图书馆 CIP 数据核字(2020)第 006026 号

责任编辑:黄 芝 薛 阳
封面设计:刘 键
责任校对:焦丽丽
责任印制:杨 艳

出版发行:清华大学出版社
  网 址:http://www.tup.com.cn,http://www.wqbook.com
  地 址:北京清华大学学研大厦 A 座   邮 编:100084
  社 总 机:010-62770175   邮 购:010-62786544
  投稿与读者服务:010-62776969,c-service@tup.tsinghua.edu.cn
  质量反馈:010-62772015,zhiliang@tup.tsinghua.edu.cn
  课件下载:http://www.tup.com.cn,010-83470236
印 刷 者:北京富博印刷有限公司
装 订 者:北京市密云县京文制本装订厂
经 销:全国新华书店
开 本:185mm×260mm 印 张:13.5   字 数:311 千字
版 次:2020 年 7 月第 1 版   印 次:2020 年 7 月第 1 次印刷
印 数:1~2000
定 价:49.80 元

产品编号:083723-01

前　　言

本书源起于十年前作者从事 Android 图形编程时，对 3D 图形系统单位 1 的思考。2010 年，是各大手机品牌和手机设计厂商热火朝天地定制 Android 界面的一年。在这股界面定制浪潮中，出现了很多 3D 桌面。当时作者所在的团队负责优化一个开源的 3D 桌面。这个 3D 桌面是一个六棱柱，棱柱的每个侧面都贴上了应用程序的图标。为了优化这个 3D 桌面，我们短暂地学习了 OpenGL 接口，也学会了编写 3D 的"Hello World"程序，但是在计算六棱柱坐标的时候碰到了问题。利用几何知识计算六棱柱坐标很简单，但是在应用了透视投影、模型视图变换、视口变换之后，我们不知道 3D 桌面里的六棱柱坐标是怎么计算出来的。具体到 3D 图形编程，六棱柱的计算问题可以描述为：①3D 程序里面，用户输入的顶点纹理坐标的单位 1 是什么，是窗口上的一个像素吗？或者说，如何定义顶点坐标和各种变换，将 3D 场景输出到整个窗口？②透视投影使用的视景体和投影矩阵是怎么得到的？3D 编程接口的书籍里面并不容易找到这个问题的答案。

直到几年后，作者开始研究学习 Chromium 图形系统，重新思考总结这个问题，才意识到，学习 3D 编程和学习一门编程语言是有区别的。

在学习一门新的语言，例如 C/C++ 或者其他语言的时候，一般都能很快地去编写一个"Hello World"程序，甚至实现一些更加复杂的功能。而对于 3D 编程，作者的感受是，看了图形学的书，学习了 OpenGL/Vulkan 编程接口，但是真正实战编程的时候，却发现不会写，也很难理解他人源码的设计逻辑。学习 3D 编程和学习一门编程语言的区别在于，3D 编程的难点不是接口和语言本身，而是理解 3D 编程背后的几何数学原理。只有理解顶点纹理坐标 1 的含义、理解 3D 图形编程背后的几何数学原理，才能够真正去设计 3D 程序。

本书围绕主流开源项目里面涉及的 3D 顶点纹理 1 的含义、图形编程的几何数学原理展开内容。本书的"从 1 开始"具有以下三重含义。

- 本书主要内容是针对透视投影、正交投影、光线追踪等不同应用场景里面顶点纹理 1 和屏幕窗口上单位 1 之间的关系展开的。

- 大多数的编程模型，主要是为了解决三类问题：应用的问题、数学的问题，以及应用和数学的问题。对于所有的数学问题而言，数学是根本，是 1。3D 编程接口就是为了解决应用和数学的问题而实现的一个编程模型，数学是这个问题里面的 1。

- 如果从 0 开始学习 3D 编程是掌握 3D 编程接口，例如 OpenGL/Vulkan，那么理解投影尤其是透视投影就是 1。无论精通 3D 编程的哪种接口，如果不理解投影，就难以深入理解 3D 程序设计。

且慢,几何数学原理?霍金的一位朋友说过,书(指的是《时间简史》)里面每多一个公式,就会吓跑一半的读者。对于一个通俗读物(通俗没有贬低的意思,作者的意思是,《时间简史》的读者主要不是从事理论物理研究的科学家,而是我们这些对浩渺宇宙充满好奇的普通大众),霍金的朋友对于公式的看法无疑是正确的。

似乎是从霍金开始,各种不需要数学基础的编程教程开始流行,例如零数学基础学习机器学习等。如果你只是一个管理人员,或者仅仅是好奇,零数学的书籍无疑非常适合阅读。但是,对于一个从事专业工作的软件工程师而言,通过零数学学习到的知识,对于在软件项目中解决问题帮助不大。所以对于 3D 图形编程而言,数学是一个非常重要的工具,想要真正去设计一个 3D 程序,无法绕开 3D 相关的数学知识。目前中美贸易激战正酣,美国想要在芯片和软件系统领域挤压国内企业的生存空间。大国之间的博弈,本质上是数学等基础科学的博弈。华为任正非说过,芯片(软件也如此)等需要"数学家、物理学家、化学家"。作者深以为然,理解一切事物的本质,离不开这些基础科学。

不过,读者也不需要担心。本书用到的数学知识,都来自开源项目的源代码,是围绕着理解和解决 3D 工程实践上的具体问题展开的,而不是针对"数学家"的。这些数学知识,都可以用源代码进行测试验证,所以主要是高中的立体几何知识和一些大学低年级的矩阵运算知识。矩阵运算主要是矩阵的乘法。此外,在介绍虚拟现实的透镜的畸变问题时,用到了泰勒级数。在介绍 Skia 边缘检测的时候,用到了方向导数。透镜的畸变和边缘检测属于选读的内容,没有需要的读者可以略过。

除了数学知识,因为本书是从 1 开始 3D 图形编程,而不是从 0 开始,所以要求读者对 OpenGL/Vulkan 的编程接口有基本了解。

本书从透视投影、正交投影、光线追踪三个方面对 3D 程序顶点纹理坐标 1 的含义,以及相关的几何数学原理进行分析。对于透视投影的 3D 坐标 1,本书推导了用户使用的透视投影变换。和其他文献对透视投影的解释不同的是,本书提出了透视投影的几何模型。这个模型不考虑性能的问题,仅要求几何原理上的正确,因此这个模型相对容易理解。然后,基于这个几何模型做了一些数学算法上的改进,得到了基于透视除法的透视投影。也分析了模型视图变换、视口变换、纹理映射等对 3D 世界的 1 的影响。本书分析了一些基于透视投影的 3D 编程概念,如双摄像头立体成像、延迟渲染、阴影,以及虚拟现实透镜产生的畸变等。对于正交投影,分析了正交投影的基本变换,同时分析了基于正交投影的 Skia,包括 Skia 的顶点坐标、纹理坐标的特点。此外,本书还分析了光线追踪的基本原理,并利用计算着色器模拟了部分物体的光线追踪。最后,本书还介绍了一种通用的 GPU 多进程、多线程模型。

为了降低分析 3D 问题的复杂度,除了前面提到的将透视投影拆分为几何模型和透视除法模型之外,本书还在分析透视投影矩阵的时候,将模型视图矩阵简化为单位矩阵,这样的简化,不影响结论的通用性,但是可以较好地降低问题的复杂度,同时也使测试验证问题变得更加简单。

感谢我的家人。尤其感谢我的妻子,她理解支持我的写作,同时她也花了大量个人时间对本书进行了文字和格式上的校订。也感谢我的儿子承承,每当我推导一个公式快要放弃的时候,看着身旁认真下围棋的他,我又重拾了勇气。

感谢英特尔公司。感谢公司开放的氛围，让我有业余时间去探索一些工程实践中碰到的几何数学问题。也感谢公司那些优秀聪明的同事，感谢在 GPU 图形领域耕耘多年的叶建军，他给本书的编写提出了多处修改意见。

最后，感谢清华大学出版社的黄芝编辑，她为作者提供了很多排版布局方面的建议，最重要的是，给本书提供了一个合适的名字。

作者才疏学浅，书中疏漏在所难免，读者如果有任何反馈意见，欢迎与作者取得联系。

作　者

2020 年 2 月

目　　录

第1章 3D 程序分析方法

3D 程序通常由两部分组成：非着色器部分和着色器(shader)部分。非着色器部分用 C/C++/JavaScript 等编写,运行在 CPU 上,负责给 GPU 传送数据,以及设置 GPU 的参数和状态。非着色器部分也称作 CPU 部分。着色器部分用着色语言(shading language)描述,运行在 GPU 上,也称作 GPU 部分。着色语言有多种实现：基于 OpenGL 的 OpenGL 着色语言,简称 GLSL(OpenGL/OpenGL ES/WebGL/Vulkan 都支持 GLSL)；基于微软公司 DirectX 的高级着色语言,简称 HLSL；苹果公司的 Metal 着色语言,简称 MSL。本书讨论 WebGL/Vulkan 使用的 GLSL。GLSL 按照功能分为多种。图形相关的有：处理 3D 模型的顶点着色器(vertex shader)和几何着色器(geometry shader)、处理光照和纹理的片元着色器(fragment shader)。计算相关的有计算着色器(compute shader),计算着色器目前广泛应用于深度学习。最新的 Vulkan 标准还增加了任务着色器(task shader)、网格着色器(mesh shader),以及用于光线追踪的多种着色器等。

3D 程序的非着色器部分,如果从 CPU 的角度看,它是普通的程序,可以用程序语言 C/C++/JavaScript 等来描述。但是如果从 GPU 的角度看,GPU 自身就是一个实现了完整渲染流水线的状态机,非着色器部分只是描述了 GPU 的输入输出,以及一些 GPU 参数状态的调整控制命令。所以如果仅从算法和流程的复杂度来看,GPU 核心的流程和算法,一部分在 GPU 流水线本身,一部分在用户提供的顶点着色器和片元着色器里,而不是非着色器部分。

从这一点来说,分析一个 3D 程序,重点应该分析流水线(本书讨论的投影和纹理映射就属于流水线)和着色器(模型的处理、光照的处理),而不是非着色器部分。基于 GL (本书用 GL 来统称 OpenGL/OpenGL ES/WebGL)的程序,其非着色器部分调用的 GPU 相关接口数量少,分析起来比较容易。但是 Vulkan 的引入,将原来封装在 GL 底层的一些功能暴露了出来,同时增加了多线程的支持,因而增加了大量的接口。Vulkan 程序的非着色器部分,也比相应的 GL 实现要复杂很多。针对 Vulkan 的情况,流水线和着色器依然是理解整个 3D 程序的重点。不过非着色器部分的代码变得复杂了,也需要做些分析。换句话说,用 GL 编程的时候,理解 GPU 的行为就可以了。Vulkan 则要求开发者在理解 GPU 的同时增加一些对 CPU 编程的理解。

本书重点讨论 GPU 的流水线和着色器部分。但是针对某些复杂的 Vulkan 场景的 CPU 部分(非着色器部分),例如涉及多次渲染的时候,CPU 部分的结构会影响到对流水线和着色器的理解,因而也会介绍其结构。本书分析这些示例结构的时候不使用流程图、序列图、类图等常用的分析方法,而是使用了通信专业的输入输出分析方法,即给出程序的输入数据→数据处理过程→输出数据框架,以帮助读者理解 3D 程序的 CPU 部分。

为什么选择输入数据输出数据来分析 Vulkan 程序的 CPU 部分(当然也可以用于 GL 的分析)？如果是刚接触 3D 编程,理解 GL、Vulkan 是有一定难度的。如果有一定的 GL 经验,希望通过 GL 的经验分析 Vulkan 的 CPU 部分的源代码,也是有些挑战的。这些挑战来自以下两方面。

(1) 与 GL 实现的接口不一样,Vulkan 提供了更多底层资源操作的接口,同时实现了对多线程的支持。因此在接口数量上比 GL 要多出很多。哪怕是绘制一个最简单的三角形,代码也比同样绘制三角形的 GL 程序多很多。

(2) 另一方面,即使有了初步的 GL 基础,但是 GL 到 Vulkan 的接口很难一一对应起来,虽然两者的主要功能是一样的。

综上两点,从接口层面去理解 Vulkan CPU 部分的源码并不直观。然而,虽然 GL、Vulkan 接口差别很大,但是两者的输入输出都是类似的:输入是顶点(以及法线光线等)、MVP 矩阵、纹理及坐标;输出则是帧缓冲(或者绑定到帧缓冲的纹理)。数据的处理都是通过绘图渲染来完成的。复杂一些的过程,譬如延迟渲染或者阴影的计算,由于需要两次渲染过程,有些数据是第一个过程的输出,同时作为第二个过程的输入。如果从输入数据、输出数据以及数据的处理过程来理解分析 Vulkan,由于将大量的 Vulkan 接口按照输入、处理过程、输出分为三类,这种分析方法可以简化 Vulkan 的分析,同时也是一种适用于其他 3D 编程接口例如 GL 的分析方法。具体的分析模型如图 1-1 所示。图中白色方框是输入,灰色方框是输出,圆角框是数据处理过程,灰色虚线方框表示这个模块在作为一个过程的输入的同时还作为另一个过程的输出。

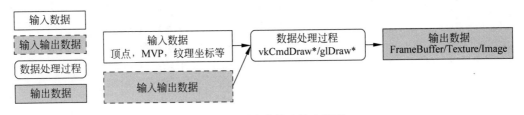

图 1-1　3D 程序的输入输出模型

对于 Vulkan,纹理资源是通过描述符(descriptor)来表示的。如果将着色器也当作一种输入数据,则通常将着色器作为 VkPipeline 的一部分传递给 GPU。在后文讲解 Vulkan 例子源码结构的时候,会在结构图里面标注描述符和着色器。至于 WebGL 的例子,因为结构本身就很简单,就没有对其结构做具体分析。

如果 Vulkan 程序包括多次绘图或者计算(vkCmdDraw * 发起绘图,vkCmdDispatch 发起计算),而且两个绘图或者计算过程之间还有资源的共享,例如绘图过程 1 的输出被当作绘图过程 2 的输入,那么会在结构图里面加一个箭头示意这里会发生资源共享,所以要留意资源读写时的同步与互斥。

本章将从输入输出的角度来分析 3D 程序的非着色器部分。读者会发现,如果将输入输出模型应用到本书的示例,理解 WebGL,以及更加复杂的 Vulkan 示例,就会简单很多。

本章分析输入顶点数据和纹理时会使用不同的示例。分析顶点数据和 MVP 数据使用的是输出一个矩形的两个例子：WebGL/projection/projection_perspective_quad.html 和 Vulkan/examples/projection_perspective_quad。分析纹理使用的两个例子的输出都是纹理图片：WebGL/texturemapping/projection_perspective_texture_mapping.html 和 Vulkan/examples/projection_perspective_texture。当然，输出纹理的例子仍然需要输入顶点和 MVP。

　　WebGL 1.0 基于 OpenGL ES 2.0，WebGL 2.0 基于 OpenGL ES 3.0。除了 WebGL 之外，基于 Vulkan、Metal、Direct3D 的下一代 Web 3D 编程标准 WebGPU 目前正在讨论之中。本书的例子以 Vulkan 为主，部分章节还同时提供了 WebGL 1.0 的例子，主要是为了对比理解 3D 模型的通用性。选择 WebGL 的原因是，做简单的模型验证非常方便。但如果是要设计更加复杂的高性能 3D 程序，读者需要自己去调查了解 WebGL 是否满足性能要求。选择 Vulkan 而不是更接近 WebGL 的 OpenGL，则是因为 Vulkan 接口更复杂，能够很好地体现基于输入输出的分析方法优势。同时，Vulkan 是最新的标准，了解其应用很有必要。

1.1　输入顶点数据

　　顶点数据通常在 CPU 端描述，然后通过缓冲区传递给 GPU。最后在 GPU 流水线开始的时候，绑定相关的缓冲区，流水线就可以在不同的顶点着色器里面访问顶点数据。

1.1.1　描述顶点

　　WebGL 和 Vulkan 通常以三角形为单位进行渲染，所以四边形其实都是由两个三角形组成的。WebGL 的例子，仅指定了顶点的位置，颜色是在其他地方指定的，但是可以在指定顶点位置的同时指定顶点颜色。

　　WebGL 示例在代码里面指定四边形四个顶点的颜色，如程序清单 1-1 所示。

程序清单 1-1　WebGL 的顶点数据

```
// WebGL/projection/projection_perspective_quad.html
var scale = 1.0;
var zEye = - 0.5;
var leftAtAnyZ = left * zEye/ - near;
var rightAtAnyZ = right * zEye/ - near;
var bottomAtAnyZ = bottom * zEye/ - near;
var topAtAnyZ = topp * zEye/ - near;
vertices = [
 leftAtAnyZ * scale, bottomAtAnyZ * scale, zEye,
 rightAtAnyZ * scale, bottomAtAnyZ * scale, zEye,
 rightAtAnyZ * scale, topAtAnyZ * scale, zEye,
 leftAtAnyZ * scale, topAtAnyZ * scale, zEye,
];
```

Vulkan 的例子,准备的数据和 WebGL 的类似,但是同时指定了顶点的位置和颜色,如程序清单 1-2 所示。

程序清单 1-2　Vulkan 顶点和顶点颜色数据

```
// Vulkan/examples/projection_perspective_quad/projection_perspective_quad.cpp
std::vector<Vertex> vertexBuffer =
{
  { {leftAtAnyZ, bottomAtAnyZ, zEye}, { 1.0f, 0.0f, 0.0f } },
  { {rightAtAnyZ, bottomAtAnyZ, zEye}, { 0.0f, 1.0f, 0.0f } },
  { {rightAtAnyZ, topAtAnyZ, zEye}, { 0.0f, 0.0f, 1.0f } },
  { {leftAtAnyZ, topAtAnyZ, zEye}, { 0.0f, 1.0f, 0.0f } }
};
```

1.1.2　传递顶点

所谓传递顶点数据,就是将 CPU 创建的顶点数据传递到 GPU 可见的缓冲区。

对于 WebGL,顶点数据通过 ARRAY_BUFFER 上传给 GPU,如程序清单 1-3 所示。

程序清单 1-3　WebGL 上传顶点数据

```
// WebGL/projection/projection_perspective_texture.html
cubeVertexPositionBuffer = gl.createBuffer();
gl.bindBuffer(gl.ARRAY_BUFFER, cubeVertexPositionBuffer);
// 变量 vertices 里面就是顶点数据
gl.bufferData(gl.ARRAY_BUFFER, new Float32Array(vertices), gl.STATIC_DRAW);
```

对于 Vulkan 而言,顶点数据是存储到 VkBuffer 中的。但是 VkBuffer 本身没有存储空间,需要通过 VkDeviceMemory 来存储数据。为 VkDeviceMemory 申请好存储空间之后,将程序清单 1-2 Vulkan 顶点和顶点颜色数据用 memcpy 复制到 VkDeviceMemory 里面去。本书大部分例子 VkDeviceMemory 申请的内存是 VK_MEMORY_PROPERTY_HOST_VISIBLE_BIT 类型,这类内存要先调用 vkMapMemory,CPU 才能对它进行读写。

具体 VulkanDevice::CreateBuffer 的实现,如程序清单 1-4 所示。

程序清单 1-4　创建并复制数据到 VkBuffer

```
// Vulkan/base/VulkanDevice.hpp
VkResult createBuffer(VkBufferUsageFlags usageFlags,
        VkMemoryPropertyFlags memoryPropertyFlags,
        VkDeviceSize size,
        VkBuffer * buffer,
        VkDeviceMemory * memory,
        void * data = nullptr) {
  // 调用 vkCreateBuffer 创建 VkBuffer
```

```
VK_CHECK_RESULT(
  vkCreateBuffer(logicalDevice, &bufferCreateInfo, nullptr, buffer));
// 为 VkDeviceMemory 申请存储空间
VK_CHECK_RESULT(
  vkAllocateMemory(logicalDevice, &memAlloc, nullptr, memory));
if (data != nullptr) {
  void * mapped;
  // VkDeviceMemory 经过 vkMapMemory 之后,CPU 可以直接对其进行读写了
  VK_CHECK_RESULT(vkMapMemory(logicalDevice, * memory, 0, size, 0, &mapped));
  // 复制数据到 VkDeviceMemory
  memcpy(mapped, data, size);
  // 结束后 vkUnmapMemory
  vkUnmapMemory(logicalDevice, * memory);
}
// 数据写到 VkDeviceMemory,要将 VkDeviceMemory 和 VkBuffer 绑定起来
VK_CHECK_RESULT(vkBindBufferMemory(logicalDevice, * buffer, * memory, 0));
return VK_SUCCESS;
}
```

WebGL 和 Vulkan 数据传递接口的主要差别是,Vulkan 提供了一个更底层的存储空间管理对象 VkDeviceMemory,WebGL 则封装了这部分细节。

1.1.3　绑定顶点缓冲区

绑定顶点缓冲区是一种 GPU 命令,所有 GPU 命令都是通过绘图命令或者提交命令提交给 GPU 的。对于 WebGL,绘图和提交命令都是 gl. Draw * (包括 gl. drawArrays 和 gl. drawElements)。对于 Vulkan,绘图命令是 vkCmdDraw * (包括 vkCmdDraw 和 vkCmdDrawIndexed),提交命令是 vkQueueSubmit。注意:CPU 里面调用 gl. Draw * 或者 vkCmdDraw * 等,仅仅是向 GPU 描述 CPU 的绘图意图,但并不等于 GPU 会立即去解释执行这些绘图命令,通常将 CPU 调用 gl. Draw * 和 vkCmdDraw * 的过程称为录制(record)GPU 命令的过程。

WebGL 的绑定如程序清单 1-5 所示。

程序清单 1-5　WebGL 绑定数据缓冲区

```
// WebGL/projection/projection_perspective_texture.html.
gl. bindBuffer(gl. ARRAY_BUFFER, cubeVertexPositionBuffer);
// vertexPositionAttribute 对应到顶点着色器里面的 attribute vec3 aVertexPosition;
gl. vertexAttribPointer(shaderProgram. vertexPositionAttribute, cubeVertexPositionBuffer. itemSize,
  gl. FLOAT, false, 0, 0);
```

Vulkan 的绑定必须发生在 vkBeginCommandBuffer 和 vkEndCommandBuffer 之间,如程序清单 1-6 所示。

程序清单 1-6　Vulkan 绑定顶点数据相关的缓冲区

```
vkCmdBindVertexBuffers(drawCmdBuffers[i], VERTEX_BUFFER_BIND_ID, 1,
  &vertexBuffer.buffer, offsets);
```

1.2　输入 MVP 数据

MVP 数据分别是模型(model)、视图(view)、投影(projection)矩阵。

WebGL 可通过第三方库 glMatrix[①] 创建变换矩阵，接口是 mat4.create()。glMatrix 提供了丰富的接口，用来实现各种变换。例如 mat4.translate、mat4.rotate、mat4.scale 可以用来实现模型视图矩阵的位移、旋转、缩放变换。投影矩阵也可以通过 mat4.create 来创建，但更简便的方式则是通过 mat4.perspective 创建透视投影矩阵，mat4.ortho 创建正交投影矩阵。矩阵创建好了之后，可以通过 gl.uniformMatrix4fv 将矩阵数据传递给着色器进行下一步的处理。

Vulkan 可以使用封装了模型视图变换、透视投影、正交投影等的第三方库 glm[②]。其中，glm::mat4 用于创建模型视图矩阵，glm::translate、glm::rotate、glm::scale 则用来实现具体的模型视图变换。创建透视投影矩阵的 glm::perspective 和创建正交投影矩阵的 glm::ortho 则将创建矩阵和变换的过程封装到了一个接口。

Vulkan 的 MVP 数据可以通过 vkCmdPushConstants 在录制 GPU 命令的时候直接传递。Push Constants 是 Vulkan 提出的一种快速地向 GPU 提交小规模数据的方法。也可以像顶点索引数据一样，将 MVP 数据传递给 VkBuffer。不过和顶点索引数据不同的是，顶点索引数据传递给 VkBuffer 之后，可以直接在录制的时候通过 vkCmdBindVertexBuffers 来绑定。VkBuffer 还可以用来存储其他数据，例如 MVP 数据。但是除了顶点和索引数据之外，存储其他数据的 VkBuffer 需要先生成一个描述符，例如 VkDescriptorBufferInfo，并通过 vkUpdateDescriptorSets 将这个描述符追加到 VkDescriptorSet 里面。最后还是在录制的时候，通过 vkCmdBindDescriptorSets 告诉 GPU 本次绘图过程会用到这个缓冲区。

所以对于存储到 VkBuffer 的 MVP 数据，其使用过程分为以下三步。

(1) 复制数据到 VkBuffer。

(2) 为 VkBuffer 创建一个 VkDescriptorBufferInfo，通过 vkUpdateDescriptorSets 将其追加到 VkDescriptorSet。

(3) 在录制 GPU 命令的过程中，调用 vkCmdBindDescriptorSets 来告知 GPU 本次将使用的资源。

---

① glMatrix 项目，http://glmatrix.net/。

② OpenGL 数学库，https://glm.g-truc.net/。

1.3　输 入 纹 理

纹理可以用来存储从存储设备或者网络读取的图片,也可以绑定到输出缓冲区之后,用作 3D 过程的输出。这里讨论作为输入的图片纹理。用户将图片纹理传递给 GPU 可见的缓冲区,GPU 则通过采样器从这些缓冲区读取纹理的数据。

纹理包含图像数据,采样器包含影响纹理的采样过程的状态和控制信息,例如纹理的滤波模式(filter mode)、纹理坐标的环绕模式(wrap mode)等都受采样器的影响。纹理和采样器在不同的 GPU、不同的 GL 版本,以及 Vulkan 上的实现可能是有差别的。

在 GPU 里面,采样器的状态和纹理数据是分开的,两者不相关。同一个纹理,在一种情形下可以通过 VK_FILTER_LINEAR(GL_LINEAR)来采样,也可以在另一种情形下使用 VK_FILTER_NEAREST(GL_NEAREST)来采样。

OpenGL 3.2 之前是不区分纹理和采样器的,WebGL 也是如此。在这些版本的 GL 实现里面,纹理对象同时包含采样器的状态和控制信息。所以如果使用这些版本的 GL 创建一个纹理,调用 glGenTextures 就可以了。要配置纹理(其实是采样器)相关的滤波模式和环绕模式则需要调用 glTexParameter ∗ 系列函数。OpenGL 3.2 开始引入 glGenSamplers 以解耦合纹理和采样器。Vulkan 里面,vkCreateImage 用于纹理的创建,vkCreateSampler 用于创建采样器,滤波模式和环绕模式是针对采样器的。本节分析的输入纹理将不包含采样器部分。

1.3.1　创建并传递纹理

WebGL 使用纹理是异步的,如程序清单 1-7 所示。

程序清单 1-7　WebGL 纹理创建

```
// WebGL/texturemapping/projection_perspective_texture_mapping.html
neheTexture = gl.createTexture();
neheTexture.image = new Image();
neheTexture.image.onload = function () {
 handleLoadedTexture(neheTexture)
}
neheTexture.image.src = "/resources/gorilla.png";
```

纹理创建好,并且图片数据加载完毕后,回调 handleLoadedTexture 来进行纹理的绑定,如程序清单 1-8 所示。

程序清单 1-8　WebGL 纹理绑定

```
// WebGL/texturemapping/projection_perspective_texture_mapping.html
gl.bindTexture(gl.TEXTURE_2D, texture);
```

```
gl.pixelStorei(gl.UNPACK_FLIP_Y_WEBGL, true);
gl.texImage2D(gl.TEXTURE_2D, 0, gl.RGBA, gl.RGBA, gl.UNSIGNED_BYTE, texture.image);
gl.texParameteri(gl.TEXTURE_2D, gl.TEXTURE_MAG_FILTER, gl.NEAREST);
gl.texParameteri(gl.TEXTURE_2D, gl.TEXTURE_MIN_FILTER, gl.NEAREST);
gl.bindTexture(gl.TEXTURE_2D, null);
```

Vulkan 对纹理提供了多种抽象,如 VkImage、VkImageView、VkSampler 等。一种直接使用纹理的方式是:从磁盘读取图片数据,并存储到 GPU 可见的存储空间,即复制到 VK_MEMORY_PROPERTY_HOST_VISIBLE_BIT(以下简称 HOST_VISIBLE)类型的存储空间中,然后 GPU 直接对这块存储空间进行采样。

由于硬件和驱动设计的不同,HOST_VISIBLE 类型的存储空间可能位于 CPU 的内存之中,因而对于独立显卡而言,HOST_VISIBLE 不是最优的直接给 GPU 输入纹理数据的方式。所以本书 Vulkan 的例子还提供了 staging 缓冲区的纹理加载方式。

通过 Staging 缓冲区加载资源是为了屏蔽 CPU 和 GPU 访问内存和显存的差异。这个差异来自两个方面:

(1) 集成显卡的显存和内存是共享的,独立显卡使用自己的独立显存。

(2) 内存通过内存控制器直接接入 SoC(System on Chip)环形总线;独立显卡和独立显存则通过 PCIe 总线间接接入环形总线。

针对集成显卡和独立显卡,这些差异导致的结果是:

(1) 对于集成显卡,CPU、集成显卡从内存读取数据和显存读取数据都很快。

(2) 对于独立显卡,独立显卡访问独立显存很快,访问内存很慢。CPU 访问内存很快,访问独立显存很慢。

总线、CPU、显卡、内存和显存之间的关系如图 1-2 所示(DRAM 是内存,VRAM 是独立显存,Intel HD GPU 是集成显卡,NV/AMD GPU 是独立显卡)。

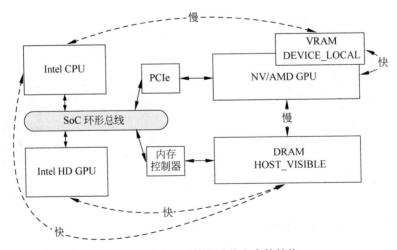

图 1-2 计算机系统的总线和存储结构

无论是集成显卡还是独立显卡,都可以直接访问内存的纹理数据。所以这里存在两种数据访问方式。

(1) 非 Staging 访问:GPU 直接访问内存的纹理数据。集成显卡可以使用这个方式,独立显卡要避免 GPU 直接访问内存。

(2) Staging 访问:先将内存的纹理数据复制到显存,GPU 直接从显存里面读取数据。独立显卡应该使用这个方式。

对于 Vulkan,Staging 访问的方法是:先将纹理数据读入一个 HOST_VISIBLE 的内存空间,然后将这个 HOST_VISIBLE 的内存复制到 DEVICE_LOCAL 的显存中,如图 1-3 和图 1-4 所示。

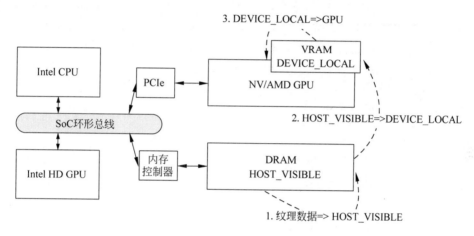

图 1-3 独立显卡的 Staging 方式

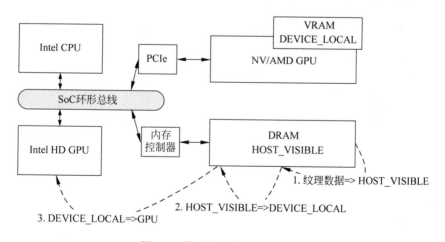

图 1-4 集成显卡的 Staging 方式

相应地,非 Staging 访问将纹理数据读入一个 HOST_VISIBLE 的内存空间,剩下的交给 GPU 完成。

这两种方式都实现在同一个 loadTexture 接口中。如图 1-5 所示为 Staging 缓冲器优化的纹理加载方式。步骤如下。

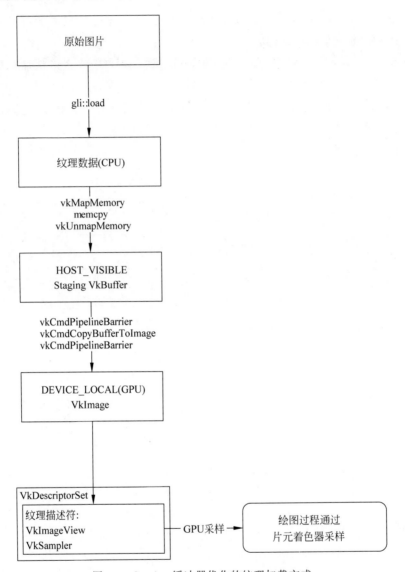

图 1-5　Staging 缓冲器优化的纹理加载方式

（1）通过第三方库 gli::load 将 textures/gorilla.ktx 加载到 CPU 内存中，如程序清单 1-9 所示。

程序清单 1-9　从硬盘读取纹理

```
gli::texture2d tex2D(gli::load(filename));
```

（2）创建一个 VkBuffer 以及相应的 VK_MEMORY_PROPERTY_HOST_VISIBLE_BIT 类型的 VkDeviceMemory，这个 VkDeviceMemory 通过映射（map）后 CPU 可见。于是可

以将程序清单 1-9 读进内存的 CPU 纹理数据复制到 VkDeviceMemory。这个过程和传递顶点数据是一样的。

（3）VkBuffer 里面的纹理数据无法给 GPU 直接读取采样，需要通过 vkCmdCopyBufferToImage 复制给一个 VkImage。该 VkImage 申请的存储空间类型是 VK_MEMORY_PROPERTY_DEVICE_LOCAL_BIT，位于 GPU 显存里面。

（4）GPU 读取数据的时候，需要 VkImageView/VkSampler 等辅助对象才能从 VkImage 里面读取数据。

1.3.2 绑定纹理

WebGL 通过程序清单 1-10 来绑定纹理。

程序清单 1-10　WebGL 绑定纹理

```
// WebGL/texturemapping/projection_perspective_texture_mapping.html
gl.bindBuffer(gl.ARRAY_BUFFER, cubeVertexPositionBuffer);
gl.vertexAttribPointer(shaderProgram.vertexPositionAttribute, cubeVertexPositionBuffer.itemSize,
    gl.FLOAT, false, 0, 0);
```

Vulkan 并不直接绑定纹理。每个纹理会创建相应的描述符 VkDescriptorBufferInfo，并追加到 VkDescriptorSet。最后在录制 GPU 命令的时候，调用 vkCmdBindDescriptorSets 绑定 VkDescriptorSet 里面所有的描述符。

1.4　输出帧缓冲

3D 程序通常都有自己的输出，这个输出叫作帧缓冲（frame buffer）。

本书 WebGL 的例子，其输出帧缓冲都封装在浏览器引擎的 Canvas 元素里面。

Vulkan 提供了一个 VkFramebuffer 的帧缓冲对象，它的实现比 WebGL/OpenGL 复杂，它还和 VkRenderPass 等概念有关。但是对于本书而言，除非有特殊说明，读者仅需要理解 VkFramebuffer 及其绑定的 VkImage 会被用来作为 Vulkan 程序的输出。

1.5　数据处理过程

数据处理过程其实就是 3D 的流水线，是封装在 GPU 及其相关驱动里面的。不过由于 GPU 的绘图命令，例如 gl.Draw＊（WebGL）和 vkCmdDraw＊（Vulkan）会直接或者间接地触发 GPU 流水线开始工作，因此可以认为绘图命令封装了数据处理过程。

1.6　TensorFlow JS 的输入输出

本节用输入输出模型来分析 TensorFlow JS 的工作原理。

TensorFlow JS 是开源机器学习软件库 TensorFlow 的 JavaScript 实现,擅长各种感知和语言理解等任务。它支持用 GPU 的片元着色器来实现硬件加速。

用户以 Tensor 的形式输入数据。输入的数据被当作 GPU 的纹理传递给 GPU。GPU 对纹理数据进行运算后,将结果写入输出的纹理。由于输出的纹理是存在 GPU 里面的,CPU 需要用读回操作(gl. readPixels)将数据输出到输出 Tensor 里面。和本书要讨论的其他 GPU 处理模型不同的是,TensorFlow JS 的目标是为了计算,所以 TensorFlow JS 没有将结果输出到一个具体的窗口。其输入输出模型如图 1-6 所示。

图 1-6　TensorFlow 的输入输出模型

测试的例子,如程序清单 1-11 所示。

程序清单 1-11　TensorFlow JS 实现的多个数求乘积

```
// 输入数据 Tensor 1,通过 gl.texSubImage2D/gl.texImage2D 上传给 GPU
const xs = tf.tensor2d([-1, 0, 1, 2, 3, 4, -1, 0, 1, 2, 3, 4, -1, 0, 1, 2, 3, 4, -1, 0, 1,
    2, 3, 4, -1, 0, 1, 2, 3, 4, -1, 0, 1, 2, 3, 4],[36, 1]);
// 输入数据 Tensor 2,同样通过 gl.texSubImage2D/gl.texImage2D 上传给 GPU
const ys = tf.tensor2d([-3, -1, 1, 3, 5, 7, -3, -1, 1, 3, 5, 7, -3, -1, 1, 3, 5, 7, -3,
    -1, 1, 3, 5, 7, -3, -1, 1, 3, 5, 7, -3, -1, 1, 3, 5, 7], [36, 1]);
// 数据处理过程,会调用 gl.Draw*,最后通过片元着色器执行乘法运算
const sum = ys.mul(xs);
// 通过 gl.readPixels 从当前帧缓冲里面读出运算结果
sum.print();
```

1.7　Vulkan 的输入输出

前面通过输入输出方法分析了 GL 和 Vulkan 的差异,本节介绍 Vulkan 一些主要的输入输出对象。Vulkan 在描述输入输出对象的时候,在数据对象之外还抽象出了视图对象、布局对象。视图对象比较直观,它描述了数据对象的范围和格式等信息。布局对象则用于描述当前流水线会使用哪些数据、数据的类型和数目等,所以布局对象描述的其实是流水线的视图。根据 Vulkan 规范,布局对象(VkDescriptorSetLayout)用于描述流水线使用

VkBuffer 和 VkImage 等数据资源的情况。本节在这个基础上拓宽了布局对象的概念,将描述顶点绑定的 VkVertexInputBindingDescription 和 VkVertexInputAttributeDescription、描述 Push Constant 使用情况的 VkPushConstantRange 和输出帧缓冲使用情况的 VkRenderPass 都当作布局对象。

　　根据输入输出模型,Vulkan 主要提供了三类对象:输入数据对象以及相关的布局对象;输出帧缓冲对象以及相关的布局对象;GPU 命令相关的对象。

1. 输入数据对象及其相关的布局对象

　　输入对象主要用来描述和管理顶点纹理坐标、顶点索引、MVP、纹理等。相关的布局对象则描述了流水线使用这些对象的情况。

　　(1)描述输入数据的实际存储资源。譬如 VkDeviceMemory、VkBuffer、VkImage,用于描述输入存储资源。有些小规模的数据,可以通过 VkBuffer 传递给 GPU,也可以存储到 std::array,然后通过 vkCmdPushConstants 传递给 GPU。

　　(2)描述输入数据的布局。例如 VkVertexInputBindingDescription、VkDescriptorSetLayout、VkPushConstantRange 用于描述输入数据的布局。所有输入布局相关的信息,都被聚合到流水线对象 VkPipeline 里面。VkPipeline 里面包含所有输入数据的布局信息,这个布局信息本身也需要通过 vkCmdBindPipeline 来绑定。

2. 输出帧缓冲对象及相关的布局对象

　　输出对象主要用来描述输出帧缓冲及流水线的输出布局情况。

　　(1)VkImage、VkFrameBuffer 等用于描述输出帧缓冲的实际存储资源。

　　(2)VkRenderPass 用于描述帧缓冲的布局。这里的布局信息,指的是当前绘图过程会使用 VkFrameBuffer 的哪些资源。

3. GPU 命令相关的对象 VkCommandBuffer

　　输入数据对象以及相关的布局对象、输出帧缓冲对象以及相关的布局对象,要经过 GPU 命令进行绑定后,才能参与绘图过程。和绑定对象相关的 GPU 命令主要有以下几个。

　　(1)输入数据绑定命令: vkCmdBindVertexBuffers、vkCmdBindIndexBuffer、vkCmdBindDescriptorSets、vkCmdPushConstants。

　　(2)输出帧缓冲绑定命令: vkCmdBeginRenderPass、vkCmdEndRenderPass。

　　(3)流水线 VkPipeline 绑定命令: vkCmdBindPipeline;VkPipeline 里面包含所有输入数据的布局信息。

　　GPU 命令管理对象 VkCommandBuffer 通过 vkBeginCommandBuffer、vkEndCommandBuffer 来管理命令的开始和结束。

　　综合输入数据对象和相关的布局对象、输出帧缓冲对象和相关的布局对象,以及这些对象的绑定命令和着色器的访问方式,得到表 1-1。

表 1-1 数据、布局、绑定命令和着色器访问（MVP 1: VkBuffer; MVP 2: Push Constant）

	数据对象	布局对象	绑定命令	着色器访问

坐标	VkBuffer	VkVertexInputBinding Description	vkCmdBindVertexBuffers	layout (location = 0) in vec3 inPos;
				layout (location = 1) in vec2 inUV;
				layout (location = 2) in vec3 inNormal;

索引	VkBuffer	VkVertexInputBinding Description	vkCmdBindIndexBuffer	gl_VertexID
纹理	VkImage	VkDescriptorSetLayout	vkCmdBindDescriptorSets	layout(binding = 1) uniform sampler2D samplerColor;
MVP 1	VkBuffer	VkDescriptorSetLayout	vkCmdBindDescriptorSets	layout (binding = 0) uniform UBO { mat4 projection; mat4 model; vec4 viewPos; } ubo;

MVP 2	std::array	VkPushConstantRange	vkCmdPushConstants	layout(push_constant) uniform
				PushConsts{
				layout (offset = 0) mat4 mvp;
				} pushConsts;

帧缓冲	VkFrameBuffer VkImage	VkRenderPass	vkCmdBeginRenderPass vkCmdEndRenderPass	layout (location = 0) out vec4 outFragColor;

1.8　GL 和 Vulkan 的线程模型

从 CPU、GPU 硬件的角度看,CPU 硬件和 GPU 硬件都是多线程的。GPU 硬件的多线程指的是 GPU 能够通过多个执行单元来同时运行若干个着色器程序,但是所有这些 GPU 线程,都服务于同一个绘图任务(每次调用 vkCmdDraw * 对应一个绘图任务)。GPU 在同一时刻只能处理一个绘图请求,所以 GPU 硬件是单任务的。

相对于 GL 的单线程,Vulkan 的多线程,本质上是 CPU 的多线程,而不是 GPU 的多线程。所谓 CPU 的多线程,是指可以同时有多个 CPU 线程在录制多个绘图任务的 GPU 命令。但是,同一时刻的 GPU 流水线上面,只有一个绘图任务在执行。这意味着 GL 和 Vulkan 在 GPU 部分的执行模型并没有根本不同,都是单任务的。不同的是 CPU 部分: GL 只支持同一个时刻仅有一个线程录制 GPU 命令,而且录制命令和绘图任务提交命令必须位于同一个线程。Vulkan 则灵活了很多,Vulkan 支持多个线程同时录制 GPU 命令。Vulkan 命令的提交,也可以在其他的线程执行。

考虑一个场景里面的 N 个物体,每个物体有不同的顶点坐标、MVP 矩阵、纹理,分别通过 GL 和 Vulkan 来绘制。

对 GL 而言,只能在一个用户线程里面,按照特定的顺序,逐个录制这些物体的绘制命令并提交给 GPU(调用 glDraw *)。GPU 线程按照用户提交绘图任务的顺序,逐个处理每个物体的绘图请求,如图 1-7 所示。注意图中的用户线程和 GPU 线程里面的命令,都是按从上到下、从左到右顺序执行的。其中,用户线程在 CPU 上运行,GPU 线程在 GPU 上运行。

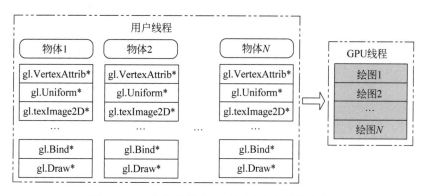

图 1-7　GL 的线程模型(* 表示有多个同类命令)

对于 Vulkan 而言,可以为每个物体创建一个线程来录制物体的绘制命令,每个线程录制好的绘图命令存储在 VkCommandBuffer 里面。在提交绘图任务(和 GL 不同, Vulkan 的 vkCmdDraw * 并不负责提交绘图任务,绘图任务的提交是通过某个线程调用另一个命令 vkQueueSubmit 实现的)的时候,可以一次将多个绘图任务(即多个

VkCommandBuffer)提交给 GPU 线程。GPU 线程按照用户绘图任务的顺序,逐个处理每个物体的绘图请求,如图 1-8 所示。注意图中的多个用户线程是并行执行的,用户线程里面里面的命令,都是按从上到下顺序执行的。其中,N 个用户线程在 CPU 上运行,GPU 线程在 GPU 上运行。

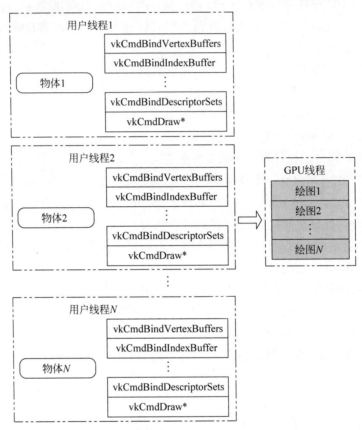

图 1-8　Vulkan 的线程模型(* 表示有多个同类命令)

　　针对 OpenGL 实现的应用,如果 CPU 占用的计算时间比 GPU 多,Vulkan 多线程可以提升性能,如图 1-9 所示。

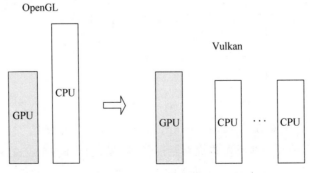

图 1-9　Vulkan 可以提升性能

对于 CPU 占用时间比 GPU 短的情况,Vulkan 可以降低功耗,如图 1-10 所示。

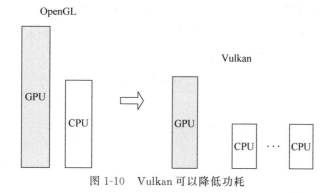

图 1-10　Vulkan 可以降低功耗

1.9　源码下载和编译

本书示例的 Vulkan 源代码 https://github.com/math3d/Vulkan/tree/projection_perspective,是基于开源示例程序 https://github.com/SaschaWillems/Vulkan 修改而来。可以运行在 Ubuntu 和 Windows 环境。

Vulkan 源码的获得:

```
$ git clone https://github.com/math3d/Vulkan.git
$ git submodule init
$ git submodule update
```

Vulkan 源码的编译 Ubuntu 18.04:

```
$ cmake CMakeLists.txt
$ make
```

Vulkan 源码的编译 Windows 10:

```
$ cmake - G "Visual Studio 15 2017 Win64"
```

用 Visual Studio 打开项目 vulkanExamples.sln,就可以编译了。

本书示例的 WebGL 源代码,根目录位于 https://github.com/math3d/WebGL。WebGL 源码可以运行在主流的 Web 服务器上面。

小　　结

虽然 GL(WebGL)难以和 Vulkan 的接口一一映射起来,但是两者的输入数据、输出数据等,却是非常类似的。给定一个 3D 场景,在大多数情况下,用 GL 或者 Vulkan 都可以实现对该场景的渲染。而从 GL 或者 Vulkan 对输入数据的描述来看,两者在接口方面有很多是类似的,总结如表 1-2 所示。从这个角度来说,基于输入数据输出数据的 3D 程序分析方法有助于理解 3D 程序的数据模型。当然,这个方法主要用于程序分析,实际编程的时候还是需要查阅具体标准理解每个接口的含义。

表 1-2　WebGL Vulkan 数据操作接口对比

数 据 类 型		准 备 数 据	更新描述符 (仅 Vulkan)	录制命令时绑定
Vertex/ Index	WebGL	gl. createBuffer gl. bindBuffer gl. bufferData		gl. bindBuffer gl. vertexAttribPointer
	Vulkan	vkCreateBuffer vkAllocateMemory vkMapMemory vkBindBufferMemory vkUnmapMemory		vkCmdBindVertexBuffers vkCmdBindIndexBuffer
MVP 数据	WebGL			gl. uniformMatrix4fv
	Vulkan	vkCreateBuffer vkAllocateMemory vkMapMemory memcpy vkUnmapMemory	vkUpdateDescriptorSets	vkCmdBindDescriptorSets
纹理数据	WebGL	gl. createTexture gl. bindTexture gl. texImage2D		gl. activeTexture gl. bindTexture
	Vulkan	vkCreateImage vkAllocateMemory vkBindImageMemory vkMapMemory memcpy vkUnmapMemory vkCreateSampler vkCreateImageView	vkUpdateDescriptorSets	vkCmdBindDescriptorSets

本章的例子,都是由一次绘制过程完成的。实际上,为了达到更好的性能,如延迟渲染,实现某些特殊的效果(例如阴影),系统中可能使用了多次绘制。无论绘制多少次,都可以使用输入输出的分析方法。

本书重在分析 3D 编程的 3D 几何模型,方法是分析给定的输入数据,经过了什么样的流程得到输出数据。因此虽然本书使用的 Vulkan 例子源码冗长,但是如果使用输入数据输出数据的分析方法,背后的逻辑会简单很多。有了这个办法,读者就没必要担心数量庞大的 Vulkan 的编程接口了。当然,具体到每个 Vulkan 接口,读者还是要去查阅工具书理解每个接口背后的具体含义。

第 2 章　3D 图形学基础

本章介绍几何和图形编程的一些基本概念。

2.1　符号和约定

本书中涉及较多的数学公式。对于数学公式中的符号,以及正文对公式中符号的引用,约定如下。

标量用小写字母斜体表示:a,b。其中,坐标轴和坐标分量用 x,y,z,u,v,w 等表示。

向量用小写字母粗斜体表示:$\boldsymbol{a}$,$\boldsymbol{b}$。

几何意义上的点用大写字母斜体表示:A,B。

矩阵用大写字母粗体表示:$\boldsymbol{M}$。

在本书的部分章节,为了排版的需要,有时候不会刻意去区分整数和浮点数,例如 1 和 1.0、0 和 0.0 在本书都被当作是同一个数。

2.2　向量的基本运算

向量的模如下。

向量 $\boldsymbol{a}(x,y,z)$ 的模是向量的大小,表示为:

$$|\boldsymbol{a}| = \sqrt{x^2 + y^2 + z^2}$$

向量 $\boldsymbol{a}$ 的单位化向量 $\boldsymbol{a}'$ 为:

$$\boldsymbol{a}' = \frac{\boldsymbol{a}}{|\boldsymbol{a}|}$$

向量的点乘 $\boldsymbol{a} \cdot \boldsymbol{b}$ 为:

$$\boldsymbol{a} \cdot \boldsymbol{b} = |\boldsymbol{a}||\boldsymbol{b}|\cos\theta$$

点乘的几何意义是,如果 $\boldsymbol{b}$ 是单位向量的话,$\boldsymbol{a} \cdot \boldsymbol{b}$ 得到的就是向量 $\boldsymbol{a}$ 在向量 $\boldsymbol{b}$ 上的投影的长度,如图 2-1 所示。

向量加法 $\boldsymbol{a} + \boldsymbol{b}$,如图 2-2 所示。

向量减法 $\boldsymbol{a} - \boldsymbol{b}$,如图 2-3 所示。

在任意两个点坐标 A 和 B 之间做减法,可以用来确定两个点之间的向量,即 $A - B$ 得到的是 B 指向 A 的向量。

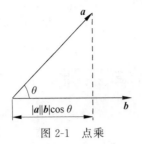

图 2-1　点乘

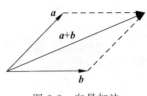

图 2-2　向量加法

三维空间中的两个向量 a 和 b 相乘,叫作叉乘 $a \times b$。叉乘具有下面的性质。

(1) a,b,$a \times b$ 的方向遵守右手法则。右手法则如图 2-4 所示,a 指向大拇指,b 指向食指,$a \times b$ 指向中指。

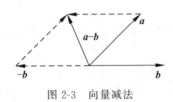

图 2-3　向量减法

图 2-4　叉乘右手法则

(2) $a \times b$ 的模的长度,等于以 a,b 为边的平行四边形的面积。

$a \times b = |a||b|\sin\theta n$,其中,$\theta$ 代表了 a,b 在平面上的夹角,且 $\theta \in [0°,180°]$。

2.3　齐次坐标

德国数学家 August Ferdinand Mobius 提出的齐次坐标在透视投影中使用得非常普遍。齐次坐标是在原来笛卡儿坐标的维度上增加一个维度的坐标表达方式。如笛卡儿坐标 (x',y',z') 和齐次坐标 (x,y,z,w) 之间的关系如公式 2-1 所示。

$$\begin{pmatrix} x \\ y \\ z \end{pmatrix} = \begin{pmatrix} \dfrac{x'}{w} \\ \dfrac{y'}{w} \\ \dfrac{z'}{w} \end{pmatrix}$$

公式 2-1　笛卡儿坐标到齐次坐标

当 w 非 0 的时候,(x,y,z,w) 是一个点;当 w 为 0 的时候,$(x,y,z,0)$ 是一个无穷远的点。我们更常用这个无穷远的点来表示具有大小和方向的向量(向量没有位置的概念,所以可以在空间里面平移),因而有了 w 分量就可以用一个齐次坐标表示两种不同的量。

齐次坐标翻译自"homogeneous coordinates"。homogeneous 的英文解释是"同一种的、类似的"。中文对"齐次"的解释是"次数相等的意思"。此处英文解释更贴近齐次坐标的实际意义：一组类似的坐标。本书的齐次坐标指的就是一组类似的坐标。

　　每一个非齐次坐标，都可以生成一组齐次坐标。这组齐次坐标经过透视投影后，得到的都是同一个非齐次坐标。所以在透视投影里，齐次坐标的意思就是这组坐标是类似的，都指向同一个非齐次坐标。

　　简单地说，如果笛卡儿坐标 (x', y', z') 的齐次坐标是 (x, y, z, w)，那么，它还有下面这些齐次坐标，而且都指向了同一个笛卡儿坐标：

$$(x, y, z, w), (2x, 2y, 2z, 2w), (3x, 3y, 3z, 3w), \cdots$$

　　在欧几里得几何里，平行线是无法相交的。然而在透视投影里面，平行线在无穷远处却会相交。透视投影用来模拟眼睛观察事物的行为。例如站在两条笔直平行铁轨中间往远处看，虽然铁轨在欧几里得空间是平行的，但是在观察者的眼睛中，两条铁轨最终相交了。欧几里得几何无法模仿平行线相交的行为，所以无法用来表达透视投影。

　　齐次坐标可以解决以下两个问题。

　　（1）4×4 矩阵可以同时用来表达位移、旋转缩放等变换。

　　（2）齐次坐标可以实现透视投影的平行线相交。

　　同一个点的坐标，根据应用场景的不同，有时候使用非齐次坐标，有时候使用齐次坐标，要注意区分。

2.3.1　4×4 齐次矩阵

　　要在用笛卡儿坐标（非齐次坐标）表示的 3D 空间里面表达平移、旋转、缩放等变换，或者使用向量的加法，或者使用矩阵和向量的乘法。

　　平移如公式 2-2 所示。

$$\begin{pmatrix} x' \\ y' \\ z' \end{pmatrix} = \begin{pmatrix} x \\ y \\ z \end{pmatrix} + \begin{pmatrix} a \\ b \\ c \end{pmatrix} = \begin{pmatrix} x+a \\ y+b \\ z+c \end{pmatrix}$$

公式 2-2　非齐次坐标的平移

旋转矩阵根据旋转轴的不同而不同，例如绕着 z 轴旋转 θ 角度，如公式 2-3 所示。

$$\begin{pmatrix} x' \\ y' \\ z' \end{pmatrix} = \begin{pmatrix} \cos\theta & -\sin\theta & 0 \\ \sin\theta & \cos\theta & 0 \\ 0 & 0 & 1 \end{pmatrix} \begin{pmatrix} x \\ y \\ z \end{pmatrix}$$

公式 2-3　非齐次坐标绕着 z 轴旋转

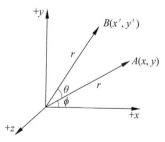

图 2-5　绕着 z 轴旋转

旋转矩阵的推导要用到极坐标。如图 2-5 所示，点 $A(x, y)$ 绕着 z 轴旋转角度 θ 后得到点 $B(x', y')$。

　　考虑点 A 的极坐标表达式：

$$x = r\cos\phi$$
$$y = r\sin\phi$$

　　点 B 的坐标可以用极坐标和点 A 的坐标表示为：

$$x' = r\cos(\phi + \theta) = r\cos\phi\cos\theta - r\sin\phi\sin\theta = x\cos\theta - y\sin\theta$$

$$y' = r\sin(\phi + \theta) = r\sin\phi\cos\theta + r\cos\phi\sin\theta = y\cos\theta + x\sin\theta$$

z 在旋转过程中没有变化,因而得到公式 2-3。

缩放如公式 2-4 所示。

$$\begin{pmatrix} x' \\ y' \\ z' \end{pmatrix} = \begin{pmatrix} s_x & 0 & 0 \\ 0 & s_y & 0 \\ 0 & 0 & s_z \end{pmatrix} \begin{pmatrix} x \\ y \\ z \end{pmatrix}$$

公式 2-4   非齐次坐标的缩放

旋转和缩放都可以用 3×3 矩阵乘以向量来表达,但是无法用矩阵乘以向量来表达平移。在 3D 系统里面,将多个矩阵合并为一个矩阵,会带来性能上的优势。所以需要一种能够用统一的方式表达这些矩阵的方法,齐次坐标就是其中之一。

在齐次坐标系,相应的平移旋转和缩放,可以用齐次 4×4 矩阵表示。

齐次形式的平移如公式 2-5 所示。

$$\begin{pmatrix} x' \\ y' \\ z' \\ 1 \end{pmatrix} = \begin{pmatrix} 1 & 0 & 0 & a \\ 0 & 1 & 0 & b \\ 0 & 0 & 1 & c \\ 0 & 0 & 0 & 1 \end{pmatrix} \begin{pmatrix} x \\ y \\ z \\ 1 \end{pmatrix}$$

公式 2-5   齐次坐标的平移

齐次形式的旋转,绕着 z 轴旋转 θ 角度,如公式 2-6 所示。

$$\begin{pmatrix} x' \\ y' \\ z' \\ 1 \end{pmatrix} = \begin{pmatrix} \cos\theta & -\sin\theta & 0 & 0 \\ \sin\theta & \cos\theta & 0 & 0 \\ 0 & 0 & 1 & 0 \\ 0 & 0 & 0 & 1 \end{pmatrix} \begin{pmatrix} x \\ y \\ z \\ 1 \end{pmatrix}$$

公式 2-6   齐次坐标绕着 z 轴旋转

综合考虑同时有绕着 x、y、z 三轴旋转的情况,齐次旋转矩阵可以表示为公式 2-7。

$$\begin{pmatrix} r_0 & r_4 & r_8 & 0 \\ r_1 & r_5 & r_9 & 0 \\ r_2 & r_6 & r_{10} & 0 \\ 0 & 0 & 0 & 1 \end{pmatrix}$$

公式 2-7   齐次旋转矩阵

齐次形式的缩放,如公式 2-8 所示。

$$\begin{pmatrix} x' \\ y' \\ z' \\ 1 \end{pmatrix} = \begin{pmatrix} s_x & 0 & 0 & 0 \\ 0 & s_y & 0 & 0 \\ 0 & 0 & s_z & 0 \\ 0 & 0 & 0 & 1 \end{pmatrix} \begin{pmatrix} x \\ y \\ z \\ 1 \end{pmatrix}$$

公式 2-8   齐次坐标的缩放

2.3.2　平行线相交

用方程组表示平面上的任意两条直线,如公式 2-9 所示。

$$a_1 x + b_1 y + c_1 = 0$$
$$a_2 x + b_2 y + c_2 = 0$$

公式 2-9　平面上任意两条直线

它们之间存在下述关系。

(1) 当且仅当 $a_1 b_2 = a_2 b_1$,并且 $a_1 c_2 \neq a_2 c_1$ 时,两条直线平行。

(2) 当且仅当 $a_1 b_2 = a_2 b_1$,并且 $a_1 c_2 = a_2 c_1$ 时,两条直线重合。

(3) 否则相交。

对两条直线分别除以 b_1、b_2:

$$\frac{a_1}{b_1} x' + y' + \frac{c_1}{b_1} = 0$$

$$\frac{a_2}{b_2} x' + y' + \frac{c_2}{b_2} = 0$$

两条直线平行的条件变成了:

$$\frac{a_1}{b_1} = \frac{a_2}{b_2}$$

令:

$$a = \frac{a_1}{b_1} = \frac{a_2}{b_2}$$

$$c = \frac{c_1}{b_1}$$

$$d = \frac{c_2}{b_2}$$

因而,平行线在欧几里得空间可以简化成公式 2-10。

$$ax + y + c = 0$$
$$ax + y + d = 0$$

公式 2-10　欧几里得空间的平行线

结合公式 2-1 笛卡儿坐标到齐次坐标,将公式 2-10 改写为齐次形式,如公式 2-11 所示。

$$a \frac{x'}{w} + \frac{y'}{w} + c = 0$$

$$a \frac{x'}{w} + \frac{y'}{w} + d = 0$$

公式 2-11　齐次形式的平行线

两边同时乘以 $w(w \neq 0)$：

$$ax' + y' + cw = 0$$
$$ax' + y' + dw = 0$$

这个方程的唯一解是：$(c-d)w = 0$。

由于 $c \neq d$，所以唯一解是 w 趋近于 0。也就是无穷远点的时候，两条平行线相交。注意，是趋近于 0 而不是 $w = 0$ 的时候相交，$w = 0$ 相当于对一个等式两边乘以 0。

2.4 顶点、三角形、片元

用户输入的物体，是以顶点的形式描述的，而顶点是以三角形的形式装配起来的。这里的三角形，就是原语（primitive）。

GL 和 Vulkan 使用了类似的方法来描述三角形。先看 GL 的情况。GL 提供了下面三个方式来描述三角形。

（1）GL_TRIANGLES，将所有的顶点，每三个一组形成一个三角形，n 个顶点形成 $n/3$ 个三角形。可能的索引序列是：$[0 \quad 1 \quad 2]$，$[3 \quad 4 \quad 5]$，$[6 \quad 7 \quad 8]$，…。

（2）GL_TRIANGLE_FAN，第 0 个顶点是所有的三角形共享的，n 个顶点形成 $n-2$ 个三角形。其可能的索引序列是：$[0 \quad 1 \quad 2]$，$[0 \quad 2 \quad 3]$，$[0 \quad 3 \quad 4]$，…。

（3）GL_TRIANGLE_STRIP 也是 n 个顶点形成 $n-2$ 个三角形，但是要复杂一些。三角形的三个顶点索引中，如果最大的索引是偶数 i，组成三角形的顶点排列顺序：$[i-2 \quad i-1 \quad i]$，$i \geq 2$。如果当前三角形的序号是奇数，组成三角形的顶点排列顺序：$[i-1 \quad i-2 \quad i]$，$i \geq 2$。一个例子是：

$[0 \quad 1 \quad 2]$，最大索引 2，偶数

$[2 \quad 1 \quad 3]$，最大索引 3，奇数

$[2 \quad 3 \quad 4]$，最大索引 4，偶数

…

之所以有这些规定，是为了保证所有的三角形都是按照相同的方向绘制的。所谓方向，就是顺时针或者逆时针（GL 和 Vulkan 都由自己的接口来描述是顺时针还是逆时针）。在有些场景，三角形顶点的顺序非常重要，颠倒了顺序可能导致三角形被剔除。

相应地，Vulkan 也实现了三个对应的枚举变量：

```
VK_PRIMITIVE_TOPOLOGY_TRIANGLE_LIST
VK_PRIMITIVE_TOPOLOGY_TRIANGLE_STRIP
VK_PRIMITIVE_TOPOLOGY_TRIANGLE_FAN
```

除了三角形之外，有些图形系统里面（例如 Chromium 的合成器）还会使用到原语 QUAD。QUAD 其实就是两个三角形组成的一个矩形。

输入顶点经过原语组装（primitive assembly）得到三角形。光栅化（rasterization）引擎对三角形的顶点进行插值，生成三角形区域里面每一个点的信息。在没有多重采样的

情况下,片元着色器(fragment shader)会给三角形区域里面的每一个点贴上相应的颜色。片元着色器每次操作的三角形的点,就是一个片元(fragment),这时候片元就是一个像素。如果有应用多重采样,则一个像素可能对应到多个片元(样本)。除非特别指出,本书讨论的都是没有使用多重采样的情况。

在 GL 里面,片元着色器输出到内置变量 gl_FragColor。而 Vulkan 的一种可能的输出是: layout (location=0) out vec4 outFragColor。

如图 2-6 所示,顶点就是用 x、y、z 坐标描述的点。三角形是由三个顶点组成的。片元则是通过对三角形的顶点进行插值,生成的用来填充三角形内部区域的小方块。小方块经过片元着色器上色后,有了自己的颜色。

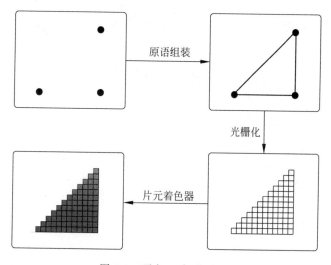

图 2-6　顶点-三角形-片元

2.5　光栅化原语

原语是用户输入的顶点经过原语组装后得到的几何形状。光栅化支持点、线、多边形三种原语。Vulkan 规范里面将所有的三角形原语称为多边形(polygon)。Vulkan 定义了如程序清单 2-1 所示类型的原语,这些原语和 GL 定义的原语是类似的。

程序清单 2-1　Vulkan 的原语

```
typedef enum VkPrimitiveTopology {
  // 点原语
  VK_PRIMITIVE_TOPOLOGY_POINT_LIST = 0,
  // 线原语
  VK_PRIMITIVE_TOPOLOGY_LINE_LIST = 1,
  VK_PRIMITIVE_TOPOLOGY_LINE_STRIP = 2,
  // 多边形原语
```

```
VK_PRIMITIVE_TOPOLOGY_TRIANGLE_LIST = 3,
VK_PRIMITIVE_TOPOLOGY_TRIANGLE_STRIP = 4,
VK_PRIMITIVE_TOPOLOGY_TRIANGLE_FAN = 5,
// 线原语
VK_PRIMITIVE_TOPOLOGY_LINE_LIST_WITH_ADJACENCY = 6,
VK_PRIMITIVE_TOPOLOGY_LINE_STRIP_WITH_ADJACENCY = 7,
// 多边形原语
VK_PRIMITIVE_TOPOLOGY_TRIANGLE_LIST_WITH_ADJACENCY = 8,
VK_PRIMITIVE_TOPOLOGY_TRIANGLE_STRIP_WITH_ADJACENCY = 9,
// 补丁原语
VK_PRIMITIVE_TOPOLOGY_PATCH_LIST = 10,
} VkPrimitiveTopology;
```

本书使用的三角形原语都是 VK_PRIMITIVE_TOPOLOGY_TRIANGLE_LIST 类型的。对于三角形原语而言,除了要注意原语的类型外,由于光栅化流水线看到的正反面和用户看到原语的正反面可能是不同的,因而还要注意原语里面顶点的顺序。

对于光栅化流水线,如果顶点是逆时针的,法线指向＋z,即正面朝向＋z(右手法则)。同时,VkPipelineRasterizationStateCreateInfo 将三角形的正面定义为顺时针(设置为 VK_FRONT_FACE_CLOCKWISE),这个时候三角形的朝向被翻转,朝向屏幕里面的是正面(对应顶点的反面),朝向用户的是反面(对应顶点的正面)。如果裁剪模式被设置为 VK_CULL_MODE_FRONT_BIT,光栅化定义的正面会被裁剪掉。对用户而言,朝向用户的是正面。流水线裁剪掉的正面,其实是用户看到的反面,所以图像仍然可见。

如果将裁剪模式修改为 VK_CULL_MODE_BACK_BIT,那么,将不输出任何图像(如果是纹理贴图,裁剪掉了朝向用户的那一面,将不输出任何图像。但是如果是顶点,没有使用纹理,则还是有反面图像)。

如果将裁剪方式修改为 VK_CULL_MODE_BACK_BIT,正面设置成为 VK_FRONT_FACE_COUNTER_CLOCKWISE 也可以实现同样的输出。

本例定义的四个顶点,左上角是白色,右下角是黑色,如程序清单 2-2 所示。

程序清单 2-2　四边形的顶点及颜色

```
// Vulkan/examples/projection_perspective_quad
std::vector < Vertex > vertexBuffer = {
  {{leftAtAnyZ, bottomAtAnyZ, zEye}, {0.5f, 0.0f, 0.0f}},
  // 黑色顶点
  {{rightAtAnyZ, bottomAtAnyZ, zEye}, {0.0f, 0.0f, 0.0f}},
  {{rightAtAnyZ, topAtAnyZ, zEye}, {0.0f, 0.0f, 0.5f}},
  // 白色顶点
  {{leftAtAnyZ, topAtAnyZ, zEye}, {1.0f, 1.0f, 1.0f}}
};
```

具体运行结果如图 2-7 所示,注意顶点的颜色。

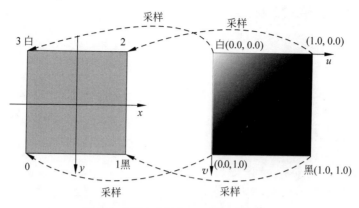

图 2-7　NDC 坐标和 uv 坐标对应关系

2.6　视　景　体

视景体是成像景物所在空间的集合,是计算机图形学中的一个重要概念。

透视投影是一组不平行光源照射在物体上产生的投影,其视景体是以投影中心为顶点的四棱锥,如图 2-8(a)所示。

平行光源照射在物体上产生的投影,叫平行投影。如果光线和投影面不垂直,叫斜投影;如果光线和投影面垂直,叫正投影,例如正交投影。对于正交投影,视景体是一个四边平行于投影方向,且垂直于投影面的四棱柱,如图 2-8(b)所示。

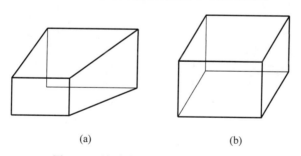

(a)　　　　　　　　　　(b)

图 2-8　透视投影和正交投影的视景体

投影变换就是在视景体里面进行的。视景体有两个作用,一是将 3D 物体显示在 2D 的投影面上,二是使得视景体外多余的部分裁剪掉,最终图像只显示视景体内的部分。

2.7　光　照　模　型

示例 Vulkan/examples/projection_perspective_lighting,使用如程序清单 2-3 所示的片元着色器来计算光照。

程序清单 2-3　光照的实现

```
// Vulkan/data/shaders/projection_perspective_lighting/texture.frag
void main()
{
    vec4 color = texture(samplerColor, inUV, inLodBias);
    vec3 N = normalize(inNormal);
    vec3 L = normalize(inLightVec);
    vec3 V = normalize(inViewVec);
    vec3 R = reflect(-L, N);
    vec3 diffuse = max(dot(N, L), 0.0) * vec3(1.0);
    float specular = pow(max(dot(R, V), 0.0), 16.0) * color.a;
    outFragColor = vec4(diffuse * color.rgb + specular, 1.0);
}
```

片元着色器使用的法线、光线和观察方向,都是顶点着色器提供的(注意变量名字从顶点着色器到片元着色器发生了变化)。片元着色器里直接使用了法向量 n,入射光线 $-l$,用户观察方向 v 等向量。但实际上代码只定义了光源在物体坐标系的位置(lightPos),点的物体坐标的位置(inPos),以及用户眼睛所在的位置。光源位置和眼睛位置,和点的世界坐标相减得到光线方向和观察方向,如程序清单 2-4 所示。

程序清单 2-4　光源方向和观察方向的计算

```
// Vulkan/data/shaders/projection_perspective_lighting/texture.vert
// 点的物体坐标转换成世界坐标
vec4 pos = ubo.model * vec4(inPos, 1.0);
// 光源位置的物体坐标转换成世界坐标
vec3 lPos = mat3(ubo.model) * lightPos.xyz;
// 点的世界坐标减去光源的世界坐标,得到了光线的反方向(指向光源)
outLightVec = lPos - pos.xyz;
// 观察方向
outViewVec = ubo.viewPos.xyz - pos.xyz;
```

在片元着色器里面,漫反射和镜面反射的计算使用的都是归一化的向量,所以要在片元着色器里对法向量、光线方向、观察方向进行归一化,如程序清单 2-5 所示。

程序清单 2-5　片元着色器归一化方向向量

```
vec3 N = normalize(inNormal);
vec3 L = normalize(inLightVec);
vec3 V = normalize(inViewVec);
```

类似代码在很多 3D 程序里面都有使用。无论是 GL,还是 Vulkan,都可能使用这个光照模型。本节将结合这个例子,来介绍基本的漫反射和镜面反射模型。代码中的 diffuse 是漫反射,specular 是镜面反射。

根据计算机图形学推导得到漫反射的公式,如公式 2-12 和图 2-9 所示。计算漫反射的时候,使用了一个和入射光线方向相反的单位向量。

$$\text{diffuse} = \begin{cases} k_d (\boldsymbol{n} \cdot \boldsymbol{l}), & \boldsymbol{n} \cdot \boldsymbol{l} \geqslant 0 \\ 0.0, & \boldsymbol{n} \cdot \boldsymbol{l} < 0 \end{cases}$$

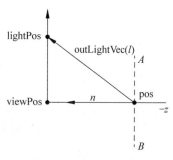

图 2-9　漫反射示意图

公式 2-12　漫反射

其中，$\boldsymbol{n}$ 是位于 pos 位置的物体的归一化的法向量；$\boldsymbol{l}$ 则是对 lPos-pos. xyz 进行归一化得到的，是指向光源的单位向量。

这就是着色器里面漫反射部分 max(dot(N, L), 0.0)的由来。完整的漫反射计算如程序清单 2-6 所示。

程序清单 2-6　漫反射

```
// N 对应观察方向 n，L 对应指向光源的单位向量 l
vec3 diffuse = max(dot(N, L), 0.0) * inColor;
```

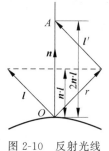

图 2-10　反射光线

镜面反射 specular 需要计算反射光线。片元着色器提供了 reflect 函数来计算反射光线。在开始介绍镜面光照模型之前，先分析下反射光线的计算。

如图 2-10 所示，$\boldsymbol{l}$ 表示指向光源的单位向量，照向圆弧的真实光线是 $-\boldsymbol{l}$，$\boldsymbol{r}$ 表示真实光线（$-\boldsymbol{l}$）经过镜面反射的单位向量。$\boldsymbol{n}$ 是入射光线 $-\boldsymbol{l}$ 和圆弧相交处的单位法向量。

将单位向量 $\boldsymbol{l}$ 平移，得到 $\boldsymbol{l}'$，向量 OA 的长度是 $2\boldsymbol{n} \cdot \boldsymbol{l}$，方向是 $\boldsymbol{n}$，因此有：

$$OA = 2(\boldsymbol{n} \cdot \boldsymbol{l})\boldsymbol{n}$$

根据向量的加法：

$$OA = \boldsymbol{r} + \boldsymbol{l}$$

结合两者得到公式 2-13：

$$\boldsymbol{r} = 2(\boldsymbol{n} \cdot \boldsymbol{l})\boldsymbol{n} - \boldsymbol{l}$$

公式 2-13　反射光线

注意着色器 reflect 函数的第一个参数是入射光（指向物体）的方向。但是在顶点着色器里面，outLightVec＝lPos-pos. xyz 得到的是入射光的反向（指向光源），所以反射光 r＝reflect(−l, n)。

得到了法线和入射光线（反向）表示的反射光线，现在来讨论怎么计算镜面反射。如图 2-11 所示，用户眼睛感知的镜面反射的强度，和反射光线在用户观察方向 $\boldsymbol{v}$ 上的投影相关，也就是 $\boldsymbol{v} \cdot \boldsymbol{r}$。要注意的是，这个示意图里面物体的法线和观察方向重合了，但是方向相反，在实际情况中，两者可能并不重合。

参考计算机图形学里的镜面反射模型得到公式 2-14。

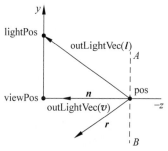

图 2-11　镜面反射

$$\text{specular} = \begin{cases} k_s (v \cdot r)^{n_s}, & n \cdot l \geqslant 0 \\ 0.0, & n \cdot l < 0 \end{cases}$$

公式 2-14　镜面反射模型

对应到着色器的镜面反射计算如程序清单 2-7 所示。

程序清单 2-7　镜面反射实现

```
vec3 specular = pow(max(dot(R, V), 0.0), 16.0) * vec3(0.75);
```

小　　结

本章介绍了 3D 光栅化最基本的一些概念。本书使用的很多源码示例，都间接或者直接地用到了本章的结论，例如齐次坐标、光照模型等。读者可以在阅读源码的时候回顾本章的内容。

第3章 透视投影

透视投影是投影几何里面的概念，是一种将三维物体投影在二维平面的方法。

整个图形系统 3D 的概念，以及从 3D 到 2D 的投影，都是基于透视投影和正交投影的（光线追踪除外）。从开发者的角度看，用户最终获得的图像，和创建 3D 场景时输入的顶点坐标、模型视图变换矩阵、投影矩阵紧密相关。所以理解投影背后的设计原理，有助于开发者理解给定输入顶点坐标和投影矩阵，将会获得怎样的输出。理解输入和输出，对 3D 应用的开发者而言，是非常必要的。另外，如果要进行 GPU 设计，或者软件模拟 GPU 的行为，也需要深入理解投影背后的设计。本章介绍 3D 编程中最常用的透视投影，后续章节会介绍正交投影。

虽然本章都是公式推导，但是数学难度并不高。对读者数学上的要求有两点：①高中的立体几何知识；②矩阵运算的基本知识（甚至都不需要了解矩阵的逆）。本章使用的矩阵运算，一定程度上可以映射到高中的多元一次函数方程组的求解问题。从这个角度看，理解本章的内容，有高中的数学基础就可以了。

前面提到，3D 流水线抽象出了多种坐标空间。透视投影实现的是从眼睛坐标到 NDC 坐标的变换，而眼睛坐标依赖于输入的物体坐标、模型视图矩阵等。所以要分析透视投影，还要考虑模型视图等的影响。模型视图矩阵让问题的分析变得复杂，测试起来也很不方便。针对本章分析透视投影矩阵，一种简化方法是，将模型视图变换设置为单位矩阵，这样的话，物体坐标、世界坐标、眼睛坐标就重合了。但是透视投影的几何模型不受这个简化的影响。

本章讨论的透视投影模型，就是在没有模型变换和视图变换的前提下，如何将眼睛坐标系的点，变换到归一化的 NDC 坐标系。没有模型变换，物体坐标系就是世界坐标系，这一点比较直接。没有视图变换的意思是，使用系统默认的视图变换。视图代表了用户的眼睛（或摄像头）观察 3D 场景的位置和方向。在 GL 或者 Vulkan 里面，眼睛默认在世界坐标系的原点。但是 GL/Vulkan 都可以通过观察函数（一般都叫 lookAt）来修改眼睛的位置和观察方向。使用默认的眼睛位置和观察方向（有些应用程序，例如 Chromium 的合成器，Android 的 SurfaceFlinger 都没有额外设置观察函数），带来的一个好处是，视图变换就是没有位移旋转的变换，也就是单位矩阵。因而视图变换后形成的眼睛坐标系和世界坐标重合了。

这个从眼睛坐标系变换到 NDC 坐标系的变换，需要具有将 3D 内容以合适的方式呈现在 2D 平面上的能力。所谓合适的方式，是指：

（1）保持立体感，立体感的本质就是远的物体显得较小，近的物体显得较大。

（2）和人眼距离一样的物体，投影后物体间的相对位置不变。

透视投影,就正好满足了这两个条件。

那么,如何求解得到这个透视投影的变换矩阵?

求解一个矩阵,要先理解这个矩阵的输入和输出是什么。透视投影的输入是眼睛坐标(如前述,因为眼睛坐标和物体坐标重合,所以也就是物体坐标)。输出呢?有两种比较直接的选择,一种是输出窗口(本书讨论窗口和视口重合的情况)坐标,这样的坐标是非归一化的。这个选择的缺点是,投影矩阵和窗口系统耦合到了一起。也就是窗口变换了(放大、缩小甚至移动),投影矩阵要重新计算。如果选择输出归一化的坐标呢?那就需要一次额外的窗口变换来将归一化的坐标映射到窗口坐标。GL 和 Vulkan 都选择了归一化的窗口坐标方式。这个归一化的窗口坐标系叫作 NDC 坐标系(normalized device coordinates)。

现在问题变成了:给出眼睛坐标,如何求解出相应的 NDC 坐标?这里的眼睛坐标位于眼睛坐标系(等同于物体坐标系,世界坐标系),NDC 坐标位于 NDC 坐标系(归一化的坐标系)。

但是通过分析发现,透视投影,也就是从眼睛坐标系到 NDC 坐标系的变换,不是一次矩阵运算就能解决的(所谓一次矩阵运算,里面涉及的矩阵可以是多个矩阵的乘积),其中有一个过程甚至引入了非线性部分。这个非线性部分,让整个透视投影变得没那么直观,让 3D 流水线变得更加复杂。

另外,公开的文献在分析透视投影的时候,或者直接给出结论,或者将几何模型和数学算法上的优化混合到了一起,这也让透视投影变得难以理解。

针对透视投影理解上的难点,本章将透视投影的几何模型和数学算法上的优化分开,因而得到了两个模型:透视投影的几何模型、透视投影的透视除法模型。前一个几何模型完全使用初等几何知识推导,重在理解物体和空间的几何关系,因此比较直观。后一个透视除法模型则侧重于数学算法优化。这两个模型降低了学习曲线,能够帮助读者理解透视投影的本质。

本章内容安排如下。

(1) 左右手坐标系。介绍左右手坐标系的区别。

(2) 3D 坐标和坐标系。介绍了 3D 坐标的特点及所在的坐标系、坐标系之间的变换。

(3) 3D 流水线的基本概念。

(4) 小孔成像。介绍了小孔成像的原理,并根据小孔成像推导出透视投影的模型。

(5) 透视投影的几何模型。

(6) 透视投影的透视除法模型。

本章要讨论非常多的坐标,对这些坐标约定如下。

物体坐标:x_o, y_o, z_o。齐次坐标形式:$x_o, y_o, z_o, 1$。

世界坐标:$x_{world}, y_{world}, z_{world}$。齐次坐标形式:$x_{world}, y_{world}, z_{world}, 1$。

眼睛坐标:x_e, y_e, z_e。齐次坐标形式:$x_e, y_e, z_e, 1$。

裁剪坐标:x_c, y_c, z_c。齐次坐标形式:x_c, y_c, z_c, w_c。

归一化的 NDC 坐标:x_n, y_n, z_n。齐次坐标形式:$x_n, y_n, z_n, 1$。

窗口(视口)坐标:x_w, y_w。

3.1　左右手坐标系

3D 坐标系分为左手坐标系、右手坐标系，如图 3-1 所示。

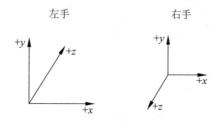

图 3-1　左手坐标系和右手坐标系

3D 接口的主要功能是提供渲染的接口，通常并不强制要求用户使用何种坐标系[①]。就像在一张白纸上书写，可以选择从左到右书写，也可以从上到下书写。所以对于一个 3D 程序而言，如果仅仅是为了测试的用途，或者程序完全由个人独立完成，那么使用左手右手坐标系都是可以的。但是考虑多人协作的情况，以及要和第三方程序兼容的情况，就有必要在程序设计之初就约定好该使用何种坐标系。

GL 和 Vulkan 使用的坐标系可能是不同的。本书对坐标系的约定如下。

（1）GL：物体坐标、世界坐标、眼睛坐标都使用右手坐标系；NDC 坐标和窗口坐标使用左手坐标系。

（2）Vulkan：物体坐标、世界坐标、眼睛坐标、NDC 坐标和窗口坐标都使用右手坐标系。

就 NDC 而言，GL 使用左手，Vulkan 使用右手，两者 y 坐标相反。此外，GL 的 z 坐标位于 $[-1.0, 1.0]$，Vulkan 的 z 坐标位于 $[0.0, 1.0]$。

3.2　3D 坐标和坐标系

用户在代码里面指定的顶点坐标，经过模型、视图、透视投影等变换后，最终显示在 2D 平面（屏幕或者像面）上。这些模型视图透视投影变换，需要用到下面的坐标及坐标系。

（1）物体坐标和物体坐标系。创建 3D 场景时传入的顶点坐标，就是物体坐标，用 (x_o, y_o, z_o) 表示。虽然用户传入的坐标不包含 w 分量，但是在实际的实现里面，会自动加上 $w=1$，因此使用的还是齐次坐标 $(x_o, y_o, z_o, 1)$。一个物体所有坐标点所在的坐标系，就是物体坐标系。

---

① OpenGL 标准在 Appendix B 部分提到，OpenGL 并不强制要求程序一定使用某个坐标系。OpenGL 主要是作为一种渲染的接口，它本身不和某个具体的坐标系统绑定。具体使用哪一种坐标系，是一种约定。具体标准 https://www.khronos.org/registry/OpenGL/specs/gl/glspec46.core.pdf。

（2）世界坐标和世界坐标系。物体坐标乘以模型变换矩阵,就得到世界坐标。世界坐标的齐次形式是$(x_{world}, y_{world}, z_{world}, 1)$。世界坐标的本质是,位于不同物体坐标系的多个物体,最终都要显示在同一个空间的坐标系。这个坐标系,就是世界坐标系。

（3）眼睛坐标和眼睛坐标系。世界坐标系乘以视图矩阵,得到眼睛坐标。其齐次坐标的 w 分量是 1,用$(x_e, y_e, z_e, 1)$来表示眼睛坐标的点。世界坐标到眼睛坐标的变换即视图变换是线性的,可以用通常的位移、旋转、缩放来表达。本章的物体坐标系、世界坐标系、眼睛坐标系三者重合,所以后面都用眼睛坐标系来描述。

（4）投影坐标。位于眼睛坐标系,是眼睛坐标系的点投影到视景体近平面上产生的。近平面位于眼睛坐标系的 $-n$ 处,所以投影点的 z 等于 $-n$。通常对于投影坐标只讨论 x、y 两个分量,z 分量是常数,没有使用。

（5）裁剪坐标和裁剪坐标系。裁剪坐标是数学意义上的中间坐标。没必要将这个坐标系和具体的坐标空间联系起来。这里定义的坐标,携带了 NDC 空间坐标计算所需的信息,但是它本身不是实际的有物理意义的点。之所以把这个坐标叫裁剪坐标,是因为根据裁剪坐标,可以把视景体之外的点裁剪掉。所以相对裁剪坐标的裁剪其实发生在投影之后,透视除法之前。齐次坐标形式是(x_c, y_c, z_c, w_c)。后文会分析 w_c 分量的特殊用途,所以并不是 1。

（6）NDC 坐标和 NDC 坐标系。裁剪坐标经过透视除法,得到 NDC 坐标。这个坐标是归一化的。其和眼睛坐标的一种可能的关系是,x:$[l, r]$到$[-1.0, 1.0]$;y:$[b, t]$到$[-1.0, 1.0]$;z:$[-n, -f]$到$[-1.0, 1.0]$或$[0.0, 1.0]$。NDC 坐标并不要求 gl_Position 输出的值除以 w 之后必须落在 NDC 之内。只是说,落在 NDC 之外的点将会被裁剪掉,所以无法参与后面的光栅化以及显示。齐次坐标形式是:$(x_n, y_n, z_n, 1)$。

（7）窗口坐标和窗口坐标系。将 NDC 坐标映射到和具体窗口尺寸关联的坐标。

为了用方便的方法来表达同一个场景的多个物体（每个物体有自己独特的运动轨迹）,抽象出了物体坐标、世界坐标以及实现两个坐标之间变换的模型变换。用户输入的顶点坐标,定义在物体坐标系,所有具有相同模型变换的点组成一个物体空间。这些点,经过同一个模型变换矩阵,变换到世界坐标空间。举个例子,一个场景里面有两个物体,物体 1 在移动,物体 2 在旋转。这个时候,我们的场景就位于世界坐标。每个物体会定义自己的物体坐标。对于物体 1,在运动好了之后,用它的模型变换矩阵（平移）,乘以相应的物体坐标位置,就得到物体在世界坐标的位置。同样,可以用另一个模型变换矩阵（旋转）,计算出物体 2 旋转后的世界坐标。如果用 GL/Vulkan 来实现这个过程,可以在每一帧图像通过两次绘图来实现:第一次的输入是物体 1,以及物体 1 的模型变换矩阵,调用绘图函数。第二次绘图输入的则是物体 2 及其模型变换矩阵,然后调用绘图函数。再看一个更加实际的例子,Chromium 的合成器 GLRenderer。当系统里面有多个不同的物体,并且它们的模型矩阵各不相同的时候,系统会触发多次绘图,但是每次绘图,都只涉及一个模型矩阵。最后这些绘图合成显示到一个最终的目标上去。所以,对于合成器程序而言,它的顶点有很多组,每组表示一个具体的物体,每组有一个自己的模型变换矩阵。

如果用户没有设置模型变换,物体坐标系就和世界坐标系重合。如果没有设置视图矩阵,世界坐标系和眼睛坐标系是重合的。在没有设置眼睛位置（调用 lookAt 函数）的时候，默认眼睛位于世界坐标系的原点，朝向坐标系的 $-z$ 方向。

图 3-2 列举了透视投影相关的 3D 变换。

图 3-2　透视投影相关的 3D 变换

3.3　3D 流水线

GL 和 Vulkan 的流水线是类似的，如图 3-3 所示。

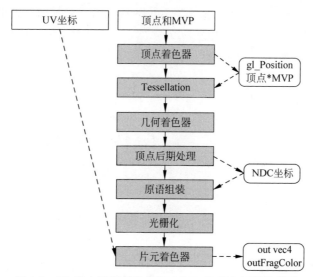

图 3-3　3D 流水线和顶点坐标、MVP、纹理坐标等的关系

用户输入的顶点、MVP 矩阵、纹理以及纹理坐标，和流水线关联的部分主要如下。

（1）顶点着色器（vertex shader）：根据用户输入的顶点和 MVP 信息，生成裁剪坐标 gl_Position。

（2）顶点后期处理（vertex post processing）：对顶点着色器输出的 gl_Position 进行透视除法，获得 NDC 坐标，如公式 3-1 所示。然后对 NDC 坐标进行视口变换，获得窗口坐标。

$$\begin{pmatrix} x_n \\ y_n \\ z_n \end{pmatrix} = \begin{pmatrix} \dfrac{\text{gl\_Position.}\,x}{\text{gl\_Position.}\,w} \\ \dfrac{\text{gl\_Position.}\,y}{\text{gl\_Position.}\,w} \\ \dfrac{\text{gl\_Position.}\,z}{\text{gl\_Position.}\,w} \end{pmatrix}$$

公式 3-1　透视除法

在 GPU 里面,透视投影是在顶点着色器和顶点后期处理两个阶段分两步完成的。第一步在顶点着色器里面,将顶点坐标和透视投影矩阵相乘,得到裁剪坐标;第二步,在顶点后期处理阶段,通过固定管线的透视除法得到 NDC 坐标。

（3）光栅化:获得了图形的窗口顶点坐标后,要根据图形的窗口顶点生成相应的图形,譬如三角形,这个过程就是计算机图形学里面的扫描线算法。这个算法将三角形变成一条条的线,线上的点都是根据顶点插值生成的。每次插值生成线上的一个点,相应生成一个 uv 坐标,这个 uv 坐标对应一个片元,然后将这个 uv 坐标传递给片元着色器（fragment shader）,片元着色器通过 uv 坐标对纹理进行采样,并对这个点进行着色。通常也用光栅化来代指基于透视投影和正交投影的 3D 编程模型,以和基于光线传播实现的光线追踪 3D 编程模型区分开。

（4）片元着色器（fragment shader）:对扫描线生成的片元进行着色。颜色可以根据用户在输入顶点时指定的颜色插值生成,也可以来自用户提供的图片相应 uv 坐标位置的像素颜色。

通常用户代码会将 uv 坐标和顶点坐标以及顶点的颜色一起输入,如程序清单 3-1 所示。

程序清单 3-1　uv 坐标的一种输入方式（Vulkan）

```
std::vector<Vertex> vertices =
{
 { { 1.0f, 1.0f, 0.0f }, { 1.0f, 1.0f },{ 0.0f, 0.0f, 1.0f } },
 { { -1.0f, 1.0f, 0.0f }, { 0.0f, 1.0f },{ 0.0f, 0.0f, 1.0f } },
 { { -1.0f, -1.0f, 0.0f }, { 0.0f, 0.0f },{ 0.0f, 0.0f, 1.0f } },
 { { 1.0f, -1.0f, 0.0f }, { 1.0f, 0.0f },{ 0.0f, 0.0f, 1.0f } }
};
```

上面的结构包含四个顶点信息,每个顶点信息包含:顶点坐标、uv 坐标、顶点颜色。中间的 uv 坐标会和其他的顶点信息一起传递给顶点着色器和片元着色器。这里 uv 坐标就是{1.0f,1.0f},{0.0f,1.0f},{0.0f,0.0f},{1.0f,0.0f}。

相应的片元着色器如程序清单 3-2 所示。

程序清单 3-2　片元着色器使用插值后的 uv 坐标

```
layout (location = 0) in vec2 inUV;
```

但是不能将 inUV 和用户顶点里面的四个 uv 坐标直接等同起来。inUV 就是这四个顶点提供的 uv 坐标插值生成的点的集合。请注意,顶点着色器操作的是用户输入的顶点,而片元着色器操作的是通过顶点插值生成的所有点。

gl_Position 和用户指定的顶点（vertex）是一一对应的（前提是顶点没有落在视景体外面）。或者说,物体空间的每一个顶点,在裁剪坐标空间都有一个对应的 gl_Position。gl_Position 经过透视除法后,得到 NDC 空间坐标。NDC 空间的点,经过视口变换,得到窗口坐标。总的来说,每个顶点（vertex）都有一个对应的 gl_Position,一个 NDC 空间的点。渲染（rasterization）阶段,对顶点坐标组装成的三角形应用扫描线（scanline）算法,插值得到顶点之外的填充区域的坐标点,并用片元着色器(fragment shader)对这些点进行着色(shading)。

所以顶点着色器是以顶点为单位进行的,一个三角形就是三个顶点,相应的顶点着色器会被调用三次。而片元着色器,是以片元(可以暂时理解为像素)为单位的,也就是最终显示在窗口上面的每个像素,都会执行一次片元着色器(没有多重采样的时候)。两者之间通过 GPU 的扫描线关联起来。

3.4　小孔成像

透视投影和小孔成像的原理是一样的。小孔成像的原理如图 3-4 所示。

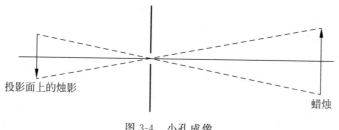

图 3-4　小孔成像

小孔成像的特点如下。

(1) 小孔比较小的时候,蜡烛同一个位置(物点)发出的光线将汇聚在投影面很小的一个范围(近似为一个像点),蜡烛不同位置发出的光线会到达投影面的不同位置,因而不会在屏幕上相互重叠,所以屏幕上的像比较清晰。

(2) 当孔比较大的时候,蜡烛同一个位置发出的光线会分散在投影面的一个区域,蜡烛不同部分发出的光线有可能在投影面的同一个位置上重叠,投影面上的像就不清晰了。如图 3-5 所示,如果孔很大,那么蜡烛两个不同位置发出的光线,可能投影到了投影面的同一个位置。

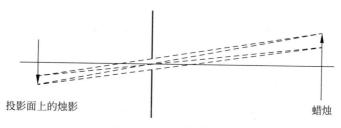

图 3-5　大孔成模糊的像

由于小孔成像画质受孔大小的影响,所以透视投影对小孔成像做了一点假设:透视投影的小孔无限小,小到物体的每个点,只能有一根光线通过小孔。这样的优点是,无论物体到小孔的距离是多少,物体上的每个点都只有一条光线通过小孔,这也就保证了两个点的两条光线,通过小孔后不会发生重叠,因而保证了成像一定是最清晰的。

除了这点假设之外,透视投影的近平面(也就是小孔成像里面的投影面)放在了小孔和物体的同侧。这带来了计算上的便利,但是投影和物体之间的三角形关系并没有改变。唯一改变的是,小孔成像成的是倒立的影像。透视投影,则把这个成像再次倒立了,也就是成为正立的影像。

所以,我们得到的透视投影模型是如图 3-6 所示的:小孔成了眼睛(或者摄像头);投影面成了近平面。蜡烛就是位于近平面和远平面之间的物体,这意味着用户定义的 3D 场景,也需要位于近平面与远平面之间,否则不可见。

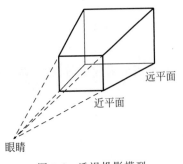

图 3-6　透视投影模型

3.5　模型变换和世界变换的意义

物体坐标经过模型矩阵变换之后,变成世界坐标。在世界坐标系中,来自不同物体坐标系的物体,都是相对于同一个世界坐标系原点的。

为什么物体坐标之外,还需要引入一个世界坐标?如果整个场景里面只有一个物体,那么物体坐标和世界坐标是可以重合的。如果场景里面有多个物体,每个物体都有自己的物体坐标,系统可以很方便地对每个物体进行调整,因为局部坐标总是很方便使用的。例如如果以人为中心,要向左旋转自己的胳膊 90°,这是很容易做到的事情。但是,如果要求以地球为中心,旋转胳膊 90°,那需要坐飞机绕着地球飞行 1/4 圈。

不过还可以从性能优化的角度,来理解世界变换的意义。

考虑一个情况,也就是用户视角变化,这是常见的场景。

如果没有世界坐标。假设 $M_{\text{obj}->\text{view}}$ 直接将物体坐标点变换到视图空间。因为视角变了,所以每个物体的 $M_{\text{obj}->\text{view}}$ 都要重新计算,再重新计算物体到视图空间的变换。变换的过程如下。

1. 重新计算每个物体的 $M_{\text{obj}->\text{view}}$ (n 次)

这个计算是针对所有物体的,如伪代码 3-1 所示。

伪代码 3-1

```
循环遍历 (物体: 所有的物体) {
  针对每个物体重新计算 M_obj->view;
}
```

2. 重新计算每个点在视图空间的坐标 P_{view}

针对物体的每个点,计算其在新的视图空间的坐标,如伪代码 3-2 所示。

伪代码 3-2

```
M_vp = M_projection × M_obj->view;
循环遍历（点 P：物体所有的点）{
    P_view = M_vp × P;
}
```

如果有世界坐标，变换过程如下（视图变换的时候，物体坐标到世界坐标的变换 $M_{obj->world}$ 保持不变）。

（1）重新计算世界坐标到视图空间的变换 M_{view}（1 次）；

（2）重新计算每个点的视图空间坐标 P_{view}，如伪代码 3-3 所示。

伪代码 3-3

```
M_mvp = M_projection × M_view × M_obj->world;
循环遍历（点 P：物体所有的点）{
    P_view = M_mvp × P;
}
```

综上，在场景里面有多个不同物体的时候，世界坐标可以将循环里面的矩阵运算优化到循环外面来，因而还可以带来性能上的提升。

3.6　透视投影的几何模型

我们将透视投影定义为通过眼睛坐标生成 NDC 坐标的过程。眼睛坐标用于描述 3D 空间的物体，NDC 坐标则可以很容易地线性映射到 2D 平面上。这和 GPU 实现的透视投影行为是一致的。

本章介绍透视投影理论上的几何模型。这个模型没有经过优化，理论上可以工作，也能实现眼睛坐标到 NDC 坐标的转换，但是并没有实际应用到 GPU 流水线。这个模型的价值在于，它得到的一些结论，是后文推导优化后实际应用于 GPU 流水线的基础。

在 3.4 节，根据小孔成像得到了透视投影的基本模型。实际上，为了减少对输出窗口系统的依赖，透视投影得到的结果并不是窗口坐标，而是中间坐标 NDC 坐标。透视投影的视景体通常用 left(l)、right(r)、bottom(b)、top(t)、near(n)、far(f)等参数来表示，如图 3-7(a)和图 3-8(b)所示。

虽然只是一个理论模型，但是也要有相应的坐标系统。所以本章会使用 GL 和 Vulkan 的坐标系统。应注意的是，仅仅是使用 GL 和 Vulkan 的坐标系统，而不是说 GL 和 Vulkan 的实现，使用了本节推导的几何理论模型。

如果使用 GL 坐标系，透视投影和 NDC 坐标系的关系如图 3-7 所示。图示视景体里面的点(l，t，$-n$)对应 NDC 坐标系的点(-1，1，-1)，以此类推。此外，由于远平面的映射关系和近平面是类似的，为了排版简洁，没有标注视景体远平面的点，相应的 NDC 坐标标注了远平面顶部的两个点。

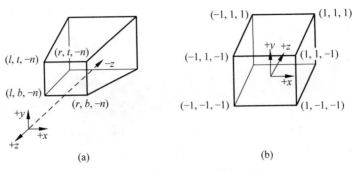

图 3-7 视景体和 NDC 坐标系(GL)

GL 视景体和 NDC 坐标系的映射关系如表 3-1 所示。

表 3-1 视景体和 NDC 坐标系的关系(GL)

	视景体	NDC
x	$[l, r]$	$[-1, 1]$
y	$[b, t]$	$[-1, 1]$
z	$[-n, -f]$	$[-1, 1]$

如果使用 Vulkan 坐标系,视景体和 NDC 坐标系的关系如图 3-8 所示。

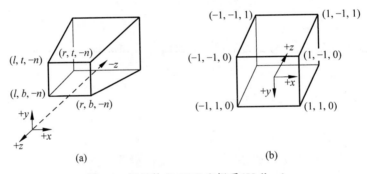

图 3-8 视景体和 NDC 坐标系(Vulkan)

Vulkan 的映射关系如表 3-2 所示。

表 3-2 视景体和 NDC 坐标系的关系(Vulkan)

	视景体	NDC
x	$[l, r]$	$[-1, 1]$
y	$[b, t]$	$[1, -1]$
z	$[-n, -f]$	$[0, 1]$

3.6.1 眼睛坐标到投影坐标

如图 3-9 所示,在物体点 P 和眼睛之间连接一条直线,直线和投影面(近平面)的交

点 P'，就是投影点。这个过程发生在眼睛坐标系，用来计算位于同一个眼睛坐标系里面的眼睛坐标和投影坐标的关系，不涉及坐标系变换。

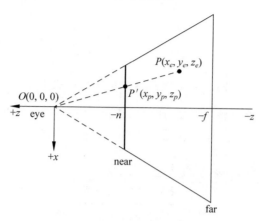

图 3-9　眼睛坐标到投影坐标

眼睛坐标系是右手坐标系。眼睛（摄像头）朝向 $-z$ 坐标。视景体定义在眼睛坐标系，因而视景体和用户定义的顶点必须位于 $-z$ 的那一边，才能被用户看到。但是 glFrustum 或者 mat4. perspective 接受的 near、far 都是正值，所以实际计算的时候，要将 near、far 的值乘以 -1（这里不考虑模型变换），即 near$=-n$、far$=-f$。

在眼睛坐标系，投影点是眼睛坐标系的点投影到视景体近平面的结果。显然，由于投影点位于眼睛坐标系，所以投影点的原点是眼睛坐标系的原点（默认眼睛就位于眼睛坐标系的原点），投影点所表示的点是眼睛坐标系的点，投影坐标是投影点在眼睛坐标系的坐标。要注意，不需要另外创建一个单独的投影坐标系。

因为是投影到了视景体的近平面，所以投影点的 z 坐标是 $-n$（视景体位于眼睛坐标系的 $-z$ 方向），投影会导致 z 信息的丢失（但是这个信息是要保留下来的传递给后续的流水线，后文会介绍用什么方法保留）。同时 w 也没什么意义（为了表示这是齐次坐标空间里面的一个点，设置为 1。但是可以忽略它，因为后面不会用到这个分量），所以这里只考虑 x、y 两个分量之间的关系。

下面的讨论，都是基于眼睛坐标系的。

以近平面四个顶点，远平面的四个顶点为顶点，可以组成一个视景体。结合图 3-9，由于物体坐标点 P、投影坐标点 P'、眼睛 eye，位于一条直线上，因而可以用相似三角形来求解投影坐标和眼睛坐标之间的关系，这是关于透视投影的第一组数学关系，如公式 3-2 所示。

$$\frac{x_p}{x_e} = \frac{-n}{z_e}$$

$$\frac{y_p}{y_e} = \frac{-n}{z_e}$$

公式 3-2　投影坐标和眼睛坐标的关系

求解得到用眼睛坐标表达的投影点坐标,如公式 3-3 所示。

$$x_p = \frac{n \cdot x_e}{- z_e}$$

$$y_p = \frac{n \cdot y_e}{- z_e}$$

公式 3-3　眼睛坐标表示的投影坐标

由于 z_e 和 x_e、y_e 都是输入变量,所以这个表达式还有一个特点,它是非线性的。整个几何模型,除了这个部分之外,其他部分都是线性的。

3.6.2　投影坐标到 NDC 坐标——xy 分量

这个过程将眼睛坐标系的投影点变换成 NDC 坐标系的点。

一个简单的类比是,投影面和 NDC 坐标系的 x、y 剖面,就像是同一张照片经过不同的平移和缩放。由于平移缩放的不变性,投影面的像和 NDC 坐标系 x、y 剖面的像,物体之间的相对位置都没有发生变化。同时要保证这种不变性,也要求投影坐标和 NDC 坐标之间只能存在平移和缩放变换。

投影点 (x_p, y_p, z_p) 的特点:位于眼睛坐标系,$x_p \in [l, r]$、$y_p \in [b, t]$、$z_p = -n$。也就是说,投影点位于 $z_p = -n$ 处,点 (l, t) 和 (r, b) 所指定的矩形里面。

NDC 坐标系的特点:x_n、y_n、z_n 被限制在 $[-1, 1]$。投影点 x_p、y_p 到 NDC 的 x_n、y_n 是线性关系,但是投影点的 z_p 是常数 $-n$。NDC 的 z_n 需要能够衡量所有的点在 z 方向的深度关系,z 方向的这个关系在深度测试阶段,被用来决定是使用这个像素的颜色(来自场景中的物体)来替换输出缓冲区的颜色,还是使用之前写到缓冲区的颜色(来自场景中的另一个物体)。

和投影坐标点一样,NDC 坐标系的四个顶点也构成一个矩形,所以和投影坐标是一一对应的。区别在于 NDC 坐标被归一化了,其范围在 $[-1, 1]$。所以可以用简单的线性关系来推导这两者间的关系。同时,由于 z_p 是常数 $-n$,无法从投影点的 z_p 得到 z_n,所以只讨论 x、y 两个分量的关系。

对于 GL(WebGL/OpenGL),去掉 z 分量,在 2D 上展开,得到投影坐标和 NDC 坐标之间的关系如图 3-10 所示。

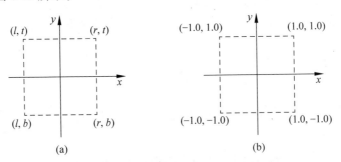

图 3-10　投影坐标和 NDC 坐标映射关系(GL)

得到投影坐标和 NDC 坐标系四个顶点的对应关系如表 3-3。

表 3-3　投影坐标和 NDC 坐标的关系（GL）

	投影坐标	NDC 坐标
x	$[l, r]$	$[-1, 1]$
y	$[b, t]$	$[-1, 1]$

根据图 3-10 和表 3-3 列出的映射关系，可以分别得到 x_p、y_p 表达的 x_n、y_n 的方程。

用 x_p 来表达 x_n：

$$x_n = \frac{1-(-1)}{r-l} \cdot x_p + \beta$$

将 $x_p = r$、$x_n = 1$ 或者 $x_p = l$、$x_n = -1$ 代入上面的表达式：

$$1 = \frac{2r}{r-l} + \beta$$

$$\beta = 1 - \frac{2r}{r-l} = -\frac{r+l}{r-l}$$

将 β 代入 $x_p x_n$ 表达式：

$$x_n = \frac{2x_p}{r-l} - \frac{r+l}{r-l}$$

类似地，针对 y_n：

$$y_n = \frac{1-(-1)}{t-b} \cdot y_p + \beta$$

将 $y_p = t$、$y_n = 1$ 或者 $y_p = b$、$y_n = -1$ 代入上式，得到：

$$\beta = -\frac{t+b}{t-b}$$

因此有：

$$y_n = \frac{2y_p}{t-b} - \frac{t+b}{t-b}$$

综合两者，得到投影坐标到 NDC 坐标的表达式，如公式 3-4 所示。

$$x_n = \frac{2x_p}{r-l} - \frac{r+l}{r-l}$$

$$y_n = \frac{2y_p}{t-b} - \frac{t+b}{t-b}$$

公式 3-4　投影坐标到 NDC 坐标（GL）

下面来讨论 Vulkan 的情况。Vulkan NDC 的 y 坐标方向是反的，x 则保持没变。在 2D 展开，如图 3-11 所示。

投影坐标和 NDC 坐标映射关系如表 3-4 所示。

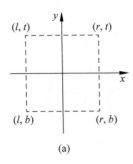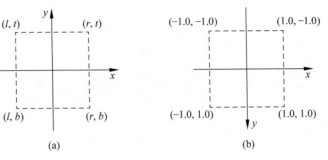

图 3-11　投影坐标和 NDC 坐标映射关系——xy（Vulkan）

表 3-4　投影坐标和 NDC 坐标——xy（Vulkan）

	投影坐标	NDC
x	$[l, r]$	$[-1, 1]$
y	$[b, t]$	$[1, -1]$

x_n 保持没变，其表达式和 GL 一样：

$$x_n = \frac{2x_p}{r-l} - \frac{r+l}{r-l}$$

y_n 的关系成了：

$$y_n = \frac{1-(-1)}{b-t} \cdot y_p + \beta$$

将 $y_p = t$、$y_n = -1$ 或者 $y_p = b$、$y_n = 1$ 代入上面的表达式：

$$\beta = -1 - \frac{2t}{b-t} = \frac{t-b}{b-t} - \frac{2t}{b-t} = \frac{t+b}{t-b}$$

得到 Vulkan 的表达式：

$$y_n = \frac{2y_p}{b-t} + \frac{t+b}{t-b}$$

综合 x、y 分量，投影坐标到 NDC 坐标的 Vulkan 表达式如公式 3-5 所示。

$$x_n = \frac{2x_p}{r-l} - \frac{r+l}{r-l}$$

$$y_n = \frac{2y_p}{b-t} + \frac{t+b}{t-b}$$

公式 3-5　投影坐标到 NDC 坐标（Vulkan）

3.6.3　眼睛坐标到 NDC 坐标——*xy* 分量

前面已经得到了投影坐标表达的 NDC 坐标。投影坐标位于眼睛坐标系，是根据眼睛坐标系的点推导出来的中间坐标。我们定义的透视投影是将眼睛坐标(不考虑模型视图变换的时候等于物体坐标)变换到 NDC。本节探讨这个过程,这样也可以省去中间坐标投影坐标的计算。具体实现是,将投影坐标和眼睛坐标的关系(公式 3-3 眼睛坐标表示的投影坐标),代入 NDC 的关系,得到的就是 NDC 和眼睛坐标的关系。

对于 GL 有:

$$x_n = \frac{2x_p}{r-l} - \frac{r+l}{r-l} \quad \left(x_p = \frac{nx_e}{-z_e}\right)$$

$$= \frac{2 \cdot \dfrac{n \cdot x_e}{-z_e}}{r-l} - \frac{r+l}{r-l}$$

$$= \frac{2n \cdot x_e}{(r-l)(-z_e)} - \frac{r+l}{r-l}$$

$$= \frac{\dfrac{2n}{r-l} \cdot x_e}{-z_e} - \frac{r+l}{r-l}$$

$$= \frac{\dfrac{2n}{r-l} \cdot x_e}{-z_e} + \frac{\dfrac{r+l}{r-l} \cdot z_e}{-z_e}$$

$$= \frac{\left(\dfrac{2n}{r-l} \cdot x_e + \dfrac{r+l}{r-l} \cdot z_e\right)}{-z_e}$$

$$y_n = \frac{2y_p}{t-b} - \frac{t+b}{t-b} \quad \left(y_p = \frac{ny_e}{-z_e}\right)$$

$$= \frac{2 \cdot \dfrac{n \cdot y_e}{-z_e}}{t-b} - \frac{t+b}{t-b}$$

$$= \frac{2n \cdot y_e}{(t-b)(-z_e)} - \frac{t+b}{t-b}$$

$$= \frac{\dfrac{2n}{t-b} \cdot y_e}{-z_e} - \frac{t+b}{t-b}$$

$$= \frac{\dfrac{2n}{t-b} \cdot y_e}{-z_e} + \frac{\dfrac{t+b}{t-b} \cdot z_e}{-z_e}$$

$$= \frac{\left(\dfrac{2n}{t-b} \cdot y_e + \dfrac{t+b}{t-b} \cdot z_e\right)}{-z_e}$$

综合 x、y 分量得到:

$$x_n = \frac{\left(\dfrac{2n}{r-l} \cdot x_e + \dfrac{r+l}{r-l} \cdot z_e \right)}{-z_e}$$

$$y_n = \frac{\left(\dfrac{2n}{t-b} \cdot y_e + \dfrac{t+b}{t-b} \cdot z_e \right)}{-z_e}$$

公式 3-6　几何模型的眼睛坐标到 NDC 坐标——xy（GL）

类似地，对于 Vulkan（x_n 和 GL 一样）有：

$$y_n = \frac{2y_p}{b-t} + \frac{t+b}{t-b} \quad \left(y_p = \frac{ny_e}{-z_e} \right)$$

$$= \frac{2 \cdot \dfrac{n \cdot y_e}{-z_e}}{b-t} + \frac{t+b}{t-b}$$

$$= \frac{2n \cdot y_e}{(b-t)(-z_e)} + \frac{t+b}{t-b}$$

$$= \frac{\dfrac{2n}{b-t} \cdot y_e}{-z_e} + \frac{t+b}{t-b}$$

$$= \frac{\dfrac{2n}{b-t} \cdot y_e}{-z_e} + \frac{\dfrac{t+b}{t-b} \cdot (-z_e)}{-z_e}$$

$$= \frac{\left(\dfrac{2n}{b-t} \cdot y_e - \dfrac{t+b}{t-b} \cdot z_e \right)}{-z_e}$$

综合 x、y 分量得到：

$$x_n = \frac{\left(\dfrac{2n}{r-l} \cdot x_e + \dfrac{r+l}{r-l} \cdot z_e \right)}{-z_e}$$

$$y_n = \frac{\left(\dfrac{2n}{b-t} \cdot y_e - \dfrac{t+b}{t-b} \cdot z_e \right)}{-z_e}$$

公式 3-7　几何模型的眼睛坐标到 NDC 坐标——xy（Vulkan）

虽然是从几何模型得到的眼睛坐标到 NDC 坐标的变换，但是这组关系特别重要，是后文推导透视除法模型的基础。

3.6.4　眼睛坐标到 NDC 坐标——z 分量

前面求得了 NDC 坐标和眼睛坐标之间 x、y 分量的关系。z 分量之间的关系决定了不同远近的物体点谁会参与最终的显示输出，所以同样重要。本节求解 z 分量之间的关系。

对于 GL,因为眼睛空间的 $[-n,-f]$ 分别映射到了 NDC 的 $[-1,1]$。z 分量一种简单的构建方法是:

$$z_n = A \cdot z_e + B$$

已知眼睛坐标和 NDC 坐标 z 之间的对应关系,如表 3-5 所示。

表 3-5　眼睛坐标和 NDC 坐标关系——z(GL)

眼睛坐标	NDC 坐标
$-n$	-1
$-f$	1

将 $-n \geqslant -1$、$-f \geqslant 1$ 代入,得到:

$$A = \frac{2}{n-f}, \quad B = \frac{n+f}{n-f}$$

$$z_n = \frac{2}{n-f} \cdot z_e + \frac{n+f}{n-f}$$

公式 3-8　几何模型的眼睛坐标到 NDC 坐标——z(GL)

如果使用 Vulkan 坐标系,眼睛空间的 $-n$、$-f$ 可以映射到 NDC 的 $[0,1]$ 或者 $[-1,1]$,本书选择的是映射到 $[0,1]$。映射过程表示为公式 3-9。

$$z_n = A \cdot z_e + B$$

公式 3-9　几何模型的眼睛坐标到 NDC 坐标参数方程——z(Vulkan)

考虑使用 $[0,1]$ 的情形,z 分量之间的关系如表 3-6 所示。

表 3-6　眼睛坐标和 NDC 坐标关系——z(Vulkan)

眼睛坐标	NDC 坐标
$-n$	0
$-f$	1

将 $-n \geqslant 0$、$-f \geqslant 1$ 代入公式 3-9 得到公式 3-10。

$$z_n = \frac{1}{n-f} \cdot z_e + \frac{n}{n-f}$$

公式 3-10　几何模型的眼睛坐标到 NDC 坐标——z(Vulkan)

3.6.5　裁剪

裁剪过程用于将视景体之外的物体裁剪掉。在几何模型里面,考虑两种不同的裁剪方法:眼睛坐标系的裁剪、NDC 坐标系的裁剪。

在眼睛坐标系,$z_e \in [-f,-n]$ 之外的要被裁剪。x、y 分量的裁剪要复杂一些,因为每个固定的 z_e,其相应的截面对应的四个顶点坐标,都被缩放了 $z_e/-n$。所以裁剪的方法是,不满足下面条件的点将被裁减:

$$l \cdot \frac{z_e}{-n} \leqslant x_e \leqslant r \cdot \frac{z_e}{-n}$$

$$b \cdot \frac{z_e}{-n} \leqslant y_e \leqslant t \cdot \frac{z_e}{-n}$$

综合起来就是,要同时满足下面三个条件,才有机会参与显示,否则会被裁剪掉。

$$l \cdot \frac{z_e}{-n} \leqslant x_e \leqslant r \cdot \frac{z_e}{-n}$$

$$b \cdot \frac{z_e}{-n} \leqslant y_e \leqslant t \cdot \frac{z_e}{-n}$$

$$-f \leqslant z_e \leqslant -n$$

如果考虑在 NDC 空间进行裁剪,方法就简单很多(但是参与透视投影运算的点也多了),满足下面的条件才有机会参与显示,否则被裁剪。

$$-1 \leqslant x_e \leqslant 1$$

$$-1 \leqslant y_e \leqslant 1$$

$$-1 \leqslant z_e \leqslant 1$$

注意:对于 Vulkan 可能是 $0 \leqslant z_e \leqslant 1$(其实对于 Vulkan,$[-1,1]$也是可以工作的。但是本书约定的是$[0,1]$。具体的程序开发时,要根据所应用的场景和工具等来选择)。

3.6.6　透视投影的几何模型

综合上述 x、y、z 的表达,得到了将眼睛坐标点透视投影变换到 NDC 坐标系的方法。
对于 GL:

$$x_n = \frac{\left(\dfrac{2n}{r-l} \cdot x_e + \dfrac{r+l}{r-l} \cdot z_e\right)}{-z_e}$$

$$y_n = \frac{\left(\dfrac{2n}{t-b} \cdot y_e + \dfrac{t+b}{t-b} \cdot z_e\right)}{-z_e}$$

$$z_n = \frac{2}{n-f} \cdot z_e + \frac{n+f}{n-f}$$

公式 3-11　透视投影几何模型(GL)

对于 Vulkan:

$$x_n = \frac{\left(\dfrac{2n}{r-l} \cdot x_e + \dfrac{r+l}{r-l} \cdot z_e\right)}{-z_e}$$

$$y_n = \frac{\left(\dfrac{2n}{b-t} \cdot y_e - \dfrac{t+b}{t-b} \cdot z_e\right)}{-z_e}$$

$$z_n = \frac{1}{n-f} \cdot z_e + \frac{n}{n-f}$$

公式 3-12　透视投影几何模型(Vulkan)

这是第一个透视投影模型。和实际使用的模型不一样的是，这里没有引入裁剪坐标（直接在眼睛坐标或者 NDC 坐标系进行裁剪的），也没有引入透视除法。读者可以做实验，输入同样的一组顶点，看看经过上面这三个方程得到的 NDC 点的坐标，是否和引入裁剪坐标的方法是一样的。

上面的这些过程都是纯粹的立体几何的推导，而且这些过程都可以和具体的几何意义联系起来。所以，下面的这些变换之间都是有几何意义的。

（1）眼睛坐标到投影坐标（眼睛坐标系内部的变换）。

（2）投影坐标到 NDC 坐标（眼睛坐标系到 NDC 坐标系之间的变换）。

（3）眼睛坐标到 NDC 坐标（眼睛坐标系到 NDC 坐标系之间的变换）。

因为这些过程使用的是相似三角形和多元一次函数来求解的，读者应该能够很容易理解上面的这些过程。

这个模型其实是可以工作的，但是效率上有问题。

3.6.7　几何模型的算法分析

3.6.6 节得到的透视投影的几何模型，实现了眼睛坐标到 NDC 坐标的变换。对于 GL，眼睛坐标到 NDC 坐标的变换公式 3-11 透视投影几何模型（GL）：

$$x_n = \frac{\left(\dfrac{2n}{r-l} \cdot x_e + \dfrac{r+l}{r-l} \cdot z_e \right)}{-z_e}$$

$$y_n = \frac{\left(\dfrac{2n}{t-b} \cdot y_e + \dfrac{t+b}{t-b} \cdot z_e \right)}{-z_e}$$

$$z_n = \frac{2}{n-f} \cdot z_e + \frac{n+f}{n-f}$$

对于 Vulkan，眼睛坐标到 NDC 坐标的变换公式 3-12 透视投影几何模型（Vulkan）：

$$x_n = \frac{\left(\dfrac{2n}{r-l} \cdot x_e + \dfrac{r+l}{r-l} \cdot z_e \right)}{-z_e}$$

$$y_n = \frac{\left(\dfrac{2n}{b-t} \cdot y_e - \dfrac{t+b}{t-b} \cdot z_e \right)}{-z_e}$$

$$z_n = \frac{1}{n-f} \cdot z_e + \frac{n}{n-f}$$

在透视投影几何模型里面，称眼睛坐标到 NDC 坐标的这个运算为 $\boldsymbol{M}'_{\text{projection}}$。和普通使用的常量矩阵不同的是，$\boldsymbol{M}'_{\text{projection}}$ 里面包含变量 z_e：

$$
\begin{pmatrix} x_n \\ y_n \\ z_n \\ 1 \end{pmatrix} = \boldsymbol{M}'_{\text{projection}} \begin{pmatrix} x_e \\ y_e \\ z_e \\ 1 \end{pmatrix} = \begin{pmatrix} \dfrac{2n}{r-l} \cdot \dfrac{1}{-z_e} & 0 & \dfrac{r+l}{r-l} \cdot \dfrac{1}{-z_e} & 0 \\ 0 & \dfrac{2n}{t-b} \cdot \dfrac{1}{-z_e} & \dfrac{t+b}{t-b} \cdot \dfrac{1}{-z_e} & 0 \\ \cdot & \cdot & \cdot & \cdot \\ \cdot & \cdot & \cdot & \cdot \end{pmatrix} \begin{pmatrix} x_e \\ y_e \\ z_e \\ 1 \end{pmatrix}
$$

公式 3-13　几何模型的透视投影矩阵（GL）

$$
\begin{pmatrix} x_n \\ y_n \\ z_n \\ 1 \end{pmatrix} = \boldsymbol{M}'_{\text{projection}} \begin{pmatrix} x_e \\ y_e \\ z_e \\ 1 \end{pmatrix} = \begin{pmatrix} \dfrac{2n}{r-l} \cdot \dfrac{1}{-z_e} & 0 & \dfrac{r+l}{r-l} \cdot \dfrac{1}{-z_e} & 0 \\ 0 & -\dfrac{2n}{t-b} \cdot \dfrac{1}{-z_e} & -\dfrac{t+b}{t-b} \cdot \dfrac{1}{-z_e} & 0 \\ \cdot & \cdot & \cdot & \cdot \\ \cdot & \cdot & \cdot & \cdot \end{pmatrix} \begin{pmatrix} x_e \\ y_e \\ z_e \\ 1 \end{pmatrix}
$$

公式 3-14　几何模型的透视投影矩阵（Vulkan）

上面公式忽略了 z_n 的计算，不过这不影响我们的算法分析。读者也可以自行推导 z_n 的表达式。

$\boldsymbol{M}'_{\text{projection}}$ 里面包含的变量 z_e 会带来性能上的问题。

真实的 3D 场景存在模型变换 $\boldsymbol{M}_{\text{model}}$、视图变换 $\boldsymbol{M}_{\text{view}}$，以及透视投影变换 $\boldsymbol{M}'_{\text{projection}}$，也就是存在多种矩阵变换。考虑下如果使用公式 3-13、公式 3-14 实现透视投影，对所有顶点进行处理的逻辑如下。

（1）在循环外面，$\boldsymbol{M}_{\text{mv}} = \boldsymbol{M}_{\text{view}} \times \boldsymbol{M}_{\text{model}}$。对所有点只有一次。

（2）在循环里面，每个点乘以 $\boldsymbol{M}'_{\text{projection}} \times \boldsymbol{M}_{\text{mv}}$：$(x_n, y_n, z_n, 1) = \boldsymbol{M}'_{\text{projection}} \times \boldsymbol{M}_{\text{mv}} \times (x_{\text{object}}, y_{\text{object}}, z_{\text{object}}, 1)$。这一步可以直接得到 NDC 坐标，没有透视除法，如伪代码 3-4 所示。

伪代码 3-4

```
Mmv = Mview × Mmodel;
循环遍历 ((xobject, yobject, zobject, 1)：所有的点) {
  (xn, yn, zn, 1) = M'projection × Mmv × (xobject, yobject, zobject, 1);
}
```

循环里面相当于存在两次矩阵运算（这里将矩阵乘以向量也当作矩阵运算）：

（1）$\boldsymbol{M}_{\text{mv}} \times (x_{\text{object}}, y_{\text{object}}, z_{\text{object}}, 1)$。

（2）$\boldsymbol{M}'_{\text{projection}} \times \{\boldsymbol{M}_{\text{mv}} \times (x_{\text{object}}, y_{\text{object}}, z_{\text{object}}, 1)\}$；大括号里面的内容当作一个整体。

$\boldsymbol{M}'_{\text{projection}}$ 能否拿到循环外面来做呢？不能。因为 $\boldsymbol{M}'_{\text{projection}}$ 和 z_e 相关，而 z_e 是针对每个点的，相应的每个点必须计算一次 $\boldsymbol{M}'_{\text{projection}}$，也就是 z_e 要放在循环中。

总的来说，$\boldsymbol{M}'_{\text{projection}}$ 能实现透视投影，但是它要求对每个点做两次矩阵乘法，这样就有性能改进的空间。

3.7 透视投影的透视除法模型

GPU 流水线里实际使用的透视投影变换包含两个过程：乘以透视投影矩阵，除以 w_c。除以 w_c 就是透视除法，是通过专门的硬件实现的。用户传入的透视投影矩阵，并不包含除以 w_c 这个过程。

前面已经得到了 NDC 坐标和眼睛坐标之间的关系。作为一个 3D 图形引擎，用这个眼睛坐标到 NDC 坐标的变换，其实是可以实现 3D 内容到 2D 平面的投影显示的。但是还可以进一步优化这个过程。和几何模型里面讨论的几何物理原理不同，这个优化过程主要是算法的优化。

矩阵变换满足乘法的结合律，特点是，如果 $E = M_n \cdots M_2 \times M_1 \times P$，$M_{1..n} = M_n \cdots M_2 \times M_1$。那么 $E = M_{1..n} \times P$。由于 3D 计算往往要处理大量的顶点，也就是 P 到 E 的计算通常位于内部循环中。例如类似伪代码 3-5。

伪代码 3-5

```
循环遍历 (点 P: 所有的点) {
  E = Mₙ … × M₂ × M₁ × P;
}
```

对每个点 P，都做了 n 次矩阵乘法。

如果引入 $M_{1..n} = M_n \cdots M_2 \times M_1$，并将这个运算移到循环外面，运算量会大大减少，如伪代码 3-6 所示。

伪代码 3-6

```
M₁..ₙ = Mₙ … M₂ × M₁;
循环遍历 (点 P: 所有的点) {
  E = P × M₁..ₙ;
}
```

这个时候，就变成了循环外做 $n-1$ 次矩阵乘法，循环内做一次矩阵乘法，这比对每个点 P 都做了 n 次矩阵乘法要高效。注意，这个模型在多次变换的时候有效，而且要求循环内做一次矩阵运算。如果 $M_n \cdots M_2 \times M_1$ 不存在 n 个，只有一个 M_1，那这样的优化没有必要。优化的目的，在于系统里面存在多次矩阵变换的时候，尽量减少在循环内做矩阵运算的可能。3D 场景正好存在模型视图投影等多次变换（虽然前面假设了模型视图都是单位矩阵，但是这里要考虑这些变换，否则优化没有意义）。

有没有其他的方法，能将这个部分的运算放到循环外面？一种解决办法是，将 z_e 从 $M'_{\text{projection}}$ 里面分离开。

3.7.1 眼睛坐标到裁剪坐标——xy 分量

换种方式来观察透视投影的几何模型的 x、y 分量部分(参见几何模型的公式 3-11,公式 3-12):

$$x_n = \left(\underbrace{\frac{2n}{r-l} \cdot x_e + \frac{r+l}{r-l} \cdot z_e}_{x_c} \right) / -z_e$$

$$y_n = \left(\underbrace{\frac{2n}{t-b} \cdot y_e + \frac{t+b}{t-b} \cdot z_e}_{y_c} \right) / -z_e$$

公式 3-15   引入裁剪坐标的几何模型——xy(GL)

$$x_n = \left(\underbrace{\frac{2n}{r-l} \cdot x_e + \frac{r+l}{r-l} \cdot z_e}_{x_c} \right) / -z_e$$

$$y_n = \left(\underbrace{\frac{2n}{b-t} \cdot y_e - \frac{t+b}{t-b} \cdot z_e}_{y_c} \right) / -z_e$$

公式 3-16   引入裁剪坐标的几何模型——xy(Vulkan)

这个眼睛坐标到 NDC 坐标的变换,可以拆分为分子的矩阵乘法和分母的除法。这里引入了一个中间坐标:裁剪坐标。

透视投影是眼睛坐标生成 NDC 坐标的过程,引入裁剪坐标后,透视投影的实现有了以下两种可能的组合。

(1)几何模型。直接实现眼睛坐标到 NDC 坐标的变换(隐含眼睛坐标到投影坐标和投影坐标到 NDC 坐标两个变换,前者除以 z 是非线性的,后者是线性的)。

(2)引入裁剪坐标的透视除法模型。这个模型需要分两步实现眼睛坐标到 NDC 坐标的变换:眼睛坐标到裁剪坐标(线性),裁剪坐标到 NDC 坐标(除以 z 非线性)。

原理上,两个模型都可以实现透视投影需要的效果。几何模型里面对每个点都做了 n 次矩阵乘法,我们的目标是对每个点只做一次矩阵乘法。本节来讨论裁剪坐标是否可以达到这个目标以提高效率。

将公式 3-15 和公式 3-16 的分子部分构造为一次矩阵运算 $\boldsymbol{M}_{\text{projection}}$,实现眼睛坐标到裁剪坐标的变换,分母部分就是除以 $-z_e$,则计算可以变成:

(1)$\boldsymbol{M}_{\text{mvp}} = \boldsymbol{M}_{\text{projection}} \times \boldsymbol{M}_{\text{view}} \times \boldsymbol{M}_{\text{model}}$(循环外,所有点只有一次)。

(2)每个点乘以 $\boldsymbol{M}_{\text{mvp}}$:$(x_c, y_c, ?, ?) = (x_{\text{object}}, y_{\text{object}}, z_{\text{object}}, 1) \times \boldsymbol{M}_{\text{mvp}}$(循环内,每个点一次)。

(3)步骤(2)生成的每个点除以 $-z_e$:$(x_n, y_n, z_n, 1) = (x_c, y_c, ?, ?)/-z_e$(循环内,每个点一次)。

因为前面仅得到了 x、y 分量的关系,所以这里将 z、w 分量标记为问号。z、w 的关系要在后面章节推导。

具体流程如伪代码 3-7 所示。

伪代码 3-7　引入裁剪坐标的透视投影

```
M_mvp = M_projection × M_view × M_model;
循环遍历（点(x_object, y_object, z_object, 1)：所有的点) {
    (x_c, y_c, ?, ?) = (x_object, y_object, z_object, 1) × M_mvp;
    (x_n, y_n, z_n, 1) = (x_c, y_c, ?, ?) / - z_e;
}
```

这样优化后，对每个点而言，一次矩阵乘法，一次向量除以常量（这个除法比矩阵乘法更高效）。同时还要在循环外面，针对所有顶点都要做一次矩阵乘法（$M_{projection} \times M_{view} \times M_{model}$）。相比几何模型每个点都需要 n 次（具体 n 的大小取决于模型视图变换的次数），矩阵乘法是高效的。

我们将 $(x_c, y_c, ?, ?)$ 称作裁剪坐标。裁剪坐标并没有什么实际的几何物体意义。其意义是数学上的，带来的是性能的提升。同时，这里的 $M_{projection}$，和没有引入裁剪坐标系之前的 $M'_{projection}$（公式 3-13，公式 3-14）已经完全不一样了。没有引入裁剪坐标系的时候，物体坐标乘以 $M'_{projection} \times M_{view} \times M_{model}$ 得到的是 NDC 坐标。引入裁剪坐标系以后，物体坐标乘以 $M_{projection} \times M_{view} \times M_{model}$ 得到的是一个中间坐标，也就是裁剪坐标。或者说，裁剪坐标是眼睛坐标左乘 $M_{projection}$ 的结果。

$$\begin{pmatrix} x_c \\ y_c \\ ? \\ ? \end{pmatrix} = M_{projection} \cdot \begin{pmatrix} x_e \\ y_e \\ z_e \\ 1 \end{pmatrix}$$

公式 3-17　引入裁剪坐标的透视投影变换

在公式 3-15 引入裁剪坐标的几何模型—xy(GL)，公式 3-16 引入裁剪坐标的几何模型—xy(Vulkan) 里面，裁剪坐标要除以 $-z_e$ 才得到 NDC 坐标，这个除法过程称作透视除法，如公式 3-18 所示。

$$\begin{pmatrix} x_n \\ y_n \\ z_n \\ 1 \end{pmatrix} = \begin{pmatrix} \dfrac{x_c}{-z_e} \\ \dfrac{y_c}{-z_e} \\ ? \\ ? \end{pmatrix}$$

公式 3-18　引入裁剪坐标的透视除法

引入裁剪坐标的透视投影变换和透视除法，和伪代码 3-7 引入裁剪坐标的透视投影一致。但是这个过程还没有结束。这两个表达式里面，x_e、y_e、z_e 是已知的，$M_{projection}$ 是未知的。而且仅得到了 x、y 分量之间的关系，z、w 分量之间的关系也是未知的。

在 GL/Vulkan 程序里面,顶点着色器(vertex shader)会输出一个 gl_Position 的变量,这个变量就是裁剪坐标。同样地,gl_Position 也是中间坐标,不能直接当作坐标来使用,但是在顶点着色器里面,gl_Position 除以 $-z_e$ 就是有意义的 NDC 坐标。

这里解释了什么是裁剪坐标,以及为什么要引入裁剪坐标。本节分析的重点是,在引入裁剪坐标系的情形下,求解出 $\pmb{M}_{\text{projection}}$ 的表达式。$\pmb{M}_{\text{projection}}$ 的求解要根据 x、y、z、w 坐标的不同性质分为两部分,本节讨论 x、y 部分,z、w 在后续讨论。

如前所述,眼睛坐标到裁剪坐标的变换,用 $\pmb{M}_{\text{projection}}$ 来表示。$\pmb{M}_{\text{projection}}$ 的推导要从前文几何模型的裁剪坐标开始。

结合公式 3-15 引入裁剪坐标的几何模型——xy(GL),公式 3-16 引入裁剪坐标的几何模型——xy(Vulkan),得到裁剪坐标的表达式是:

$$x_c = \frac{2n}{r-l} \cdot x_e + \frac{r+l}{r-l} \cdot z_e$$

$$y_c = \frac{2n}{t-b} \cdot y_e + \frac{t+b}{t-b} \cdot z_e$$

公式 3-19　眼睛坐标表示的裁剪坐标——$\pmb{xy}$(GL)

$$x_c = \frac{2n}{r-l} \cdot x_e + \frac{r+l}{r-l} \cdot z_e$$

$$y_c = \frac{2n}{b-t} \cdot y_e - \frac{t+b}{t-b} \cdot z_e$$

公式 3-20　眼睛坐标表示的裁剪坐标——$\pmb{xy}$(Vulkan)

本节通过眼睛坐标来求解裁剪坐标的 x、y 分量。至于 z、w 分量,因为其特殊的性质,有更加灵活的处理方法,会在后续章节展开。

根据上面的公式,x_c、y_c 和 x_e、y_e 是线性关系,其变换关系如公式 3-21 和公式 3-22 所示。

$$\begin{pmatrix} x_c \\ y_c \\ z_c \\ w_c \end{pmatrix} = \begin{pmatrix} \dfrac{2n}{r-l} & 0 & \dfrac{r+l}{r-l} & 0 \\ 0 & \dfrac{2n}{t-b} & \dfrac{t+b}{t-b} & 0 \\ \cdot & \cdot & \cdot & \cdot \\ \cdot & \cdot & \cdot & \cdot \end{pmatrix} \begin{pmatrix} x_e \\ y_e \\ z_e \\ w_e \end{pmatrix}$$

公式 3-21　眼睛坐标到裁剪坐标——$\pmb{xy}$(GL)

$$\begin{pmatrix} x_c \\ y_c \\ z_c \\ w_c \end{pmatrix} = \begin{pmatrix} \dfrac{2n}{r-l} & 0 & \dfrac{r+l}{r-l} & 0 \\ 0 & -\dfrac{2n}{t-b} & -\dfrac{t+b}{t-b} & 0 \\ \cdot & \cdot & \cdot & \cdot \\ \cdot & \cdot & \cdot & \cdot \end{pmatrix} \begin{pmatrix} x_e \\ y_e \\ z_e \\ w_e \end{pmatrix}$$

公式 3-22　眼睛坐标到裁剪坐标——$\pmb{xy}$(Vulkan)

应注意的是：这一步推导只能得到 x_c、y_c 和 x_e、y_e 的关系。z_c、w_c 和 z_e、w_e 的关系要下一步才能确认（有些文献在这里就直接得到 $w_c = -z_e$，虽然结论正确，但是不容易理解。需要在裁剪坐标到 NDC 坐标的推导过程中才能得到这个结果）。

好了，眼睛坐标到裁剪坐标的 x、y 元素都解决了，裁剪坐标到 NDC 坐标的 x、y 分量也解决了（除以 $-z_e$ 就可以）。下面还有裁剪坐标到 NDC 坐标最后两个坐标分量 z、w 的计算。

3.7.2　眼睛坐标到 NDC 坐标——zw 分量

在分析 z 分量之前，先要了解深度测试是如何进行的。

对于 OpenGL，可以通过 glDepthFunc 来指定使用的深度测试模式。

（1）GL_NEVER：测试一直不通过。这个时候深度缓冲区里面的内容不会变化。

（2）GL_LESS：要处理片元的深度小于现有的深度的时候通过。

（3）GL_EQUAL：等于的时候通过。

（4）GL_LEQUAL：小于或等于的时候通过。

（5）GL_GREATER：大于的时候通过。

（6）GL_NOTEQUAL：不等于的时候通过。

（7）GL_GEQUAL：大于或等于的时候通过。

（8）GL_ALWAYS：一直通过。

所谓通过测试，就是待处理片元的深度会替换现有的深度。

对于 Vulkan，假设 z_f 是将要处理的片段的深度，z_a 是当前深度缓冲区的深度。VkPipelineDepthStencilStateCreateInfo::depthCompareOp 定义了下面的处理规则。

（1）VK_COMPARE_OP_NEVER：测试一直不通过。这个时候深度缓冲区里面的内容不会变化，一直是 z_a。

（2）VK_COMPARE_OP_LESS：$z_f < z_a$ 的时候通过测试，也就是用 z_f 覆盖 z_a。

（3）VK_COMPARE_OP_EQUAL：$z_f = z_a$ 的时候通过测试。

（4）VK_COMPARE_OP_LESS_OR_EQUAL：$z_f \leqslant z_a$ 的时候通过测试。

（5）VK_COMPARE_OP_GREATER：$z_f > z_a$ 的时候通过测试。

（6）VK_COMPARE_OP_NOT_EQUAL：$z_f \neq z_a$ 的时候通过测试。

（7）VK_COMPARE_OP_GREATER_OR_EQUAL：$z_f \geqslant z_a$ 的时候通过测试。

（8）VK_COMPARE_OP_ALWAYS：一直通过测试，也就是一直用 z_f 覆盖 z_a。

除了这些深度测试的模式外，还可以打开或者禁止深度测试。

（1）OpenGL 可以通过 glEnable(GL_DEPTH_TEST)打开深度测试，或者 glDisable(GL_DEPTH_TEST)关闭深度测试。

（2）Vulkan 则可以通过 VkPipelineDepthStencilStateCreateInfo::depthTestEnable 来选择关闭打开深度测试。

通过上面深度测试的分析，可以看到深度相对自由一些，只要 NDC 坐标系输出的 z_n 能够反映物体之间的相对远近就可以了，不需要保持 z 坐标方面的不变性（虽然深度测试不需要，但是有些过程需要这个精确的值，例如 Vulkan 里面通过 linearDepth 还原真实深度值的例子)。所谓反映物体之间的相对远近,只要能够反映出两个物体之间的前后关系,而且是一一映射就可以(至于两个物体的真实的 z 方向的距离,没有必要保留),可以是正相关,也可以是反相关(如果是反相关,深度测试的时候反过来理解就可以了。例如在眼睛坐标,从 z 方向看,A 到眼睛的距离是 1,B 到眼睛的距离是 2,C 到眼睛的距离是 3。那么在 NDC 空间,可行的 z 的值是 A:0.1;B:0.8;C:0.9。变换后 ABC 三者到眼睛坐标的比例,在 NDC 空间变得完全不一致了。但是这不影响深度测试的结果,只要能够得出 A 最近,C 最远就可以)。这给我们一些自由度来构造 z_n 的表达式。

结合上面的分析,得知 z_n 是一个自由变量。这个 z_n 需要满足下面这些条件。

(1) 和 z_e 相关,正相关反相关都可以。

(2) 眼睛空间的 $-n$、$-f$ 能够映射到 NDC 空间的 -1、1(如果是 Vulkan,则是 0、1),而且是一一映射关系。

那么,具体该如何选择 z_n、z_e、z_c 之间的关系呢?

在眼睛坐标到 NDC 的表达式里面,具体参见公式 3-15 引入裁剪坐标的几何模型——xy(GL)和公式 3-16 引入裁剪坐标的几何模型——xy(Vulkan),无论是从眼睛坐标的角度还是从裁剪坐标的角度,都是通过除以 $-z_e$ 来得到 NDC 坐标的,表示为公式 3-23。

$$\begin{pmatrix} x_n \\ y_n \\ z_n \\ 1 \end{pmatrix} = \begin{pmatrix} \dfrac{x_c}{-z_e} \\ \dfrac{y_c}{-z_e} \\ ? \\ 1 \end{pmatrix}$$

公式 3-23　裁剪坐标除以——z_e 得到 NDC 坐标

在透视投影的几何模型中,得到了公式 3-8 几何模型的眼睛坐标到 NDC 坐标——z(GL),公式 3-10 几何模型的眼睛坐标到 NDC 坐标——z(Vulkan)两个公式:

$$z_n = \frac{2}{n-f} \cdot z_e + \frac{n+f}{n-f} \quad \text{(GL)}$$

$$z_n = \frac{1}{n-f} \cdot z_e + \frac{n}{n-f} \quad \text{(Vulkan)}$$

这是一条斜率为负的直线($n<f$)。但要注意的是,只要 z_n 满足和 z_e 相关且是一一映射的两个条件,其他直线,甚至曲线都是可以的。可以看到,如果不考虑 x、y 分量,几何模型的这个 z 坐标的表达式,是满足 z_n 的条件的。但是我们并不使用这个几何模型。

为什么不使用 z_n 的几何模型?我们用反证法来说明。由于是为了证明几何模型不可行,所以这一步仅分析 Vulkan 的情况。

如果考虑直接使用这个模型,结合公式 3-22 眼睛坐标到裁剪坐标——xy(Vulkan):

$$\begin{pmatrix} x_c \\ y_c \\ z_c \\ w_c \end{pmatrix} = \begin{pmatrix} \dfrac{2n}{r-l} & 0 & \dfrac{r+l}{r-l} & 0 \\ 0 & -\dfrac{2n}{t-b} & -\dfrac{t+b}{t-b} & 0 \\ \cdot & \cdot & \cdot & \cdot \\ \cdot & \cdot & \cdot & \cdot \end{pmatrix} \begin{pmatrix} x_e \\ y_e \\ z_e \\ w_e \end{pmatrix} \quad \text{(Vulkan)}$$

以及公式 3-23 裁剪坐标除以 $-z_e$ 得到 NDC 坐标：

$$\begin{pmatrix} x_n \\ y_n \\ z_n \\ 1 \end{pmatrix} = \begin{pmatrix} \dfrac{x_c}{-z_e} \\ \dfrac{y_c}{-z_e} \\ ? \\ 1 \end{pmatrix}$$

并结合公式 3-10 几何模型的眼睛坐标到 NDC 坐标——z（Vulkan）：

$$z_n = \frac{1}{n-f} \cdot z_e + \frac{n}{n-f} \quad （\text{Vulkan}）$$

反证可以分两种情况来讨论，一种容易想到的方法是，$z_c = z_e$，另一种情况是 $z_n = \dfrac{z_c}{-z_e}$。

1. $z_c = z_e$ 的情况

将 $z_c = z_e$ 代入公式 3-22 眼睛坐标到裁剪坐标——xy（Vulkan），得到的基于 z 坐标的几何模型透视投影的矩阵如公式 3-24 所示。

$$\begin{pmatrix} x_c \\ y_c \\ z_c \\ w_c \end{pmatrix} = \begin{pmatrix} \dfrac{2n}{r-l} & 0 & \dfrac{r+l}{r-l} & 0 \\ 0 & -\dfrac{2n}{t-b} & -\dfrac{t+b}{t-b} & 0 \\ \cdot & \cdot & 1 & \cdot \\ \cdot & \cdot & \cdot & \cdot \end{pmatrix} \begin{pmatrix} x_e \\ y_e \\ z_e \\ w_e \end{pmatrix} \quad （\text{Vulkan}）$$

公式 3-24　基于 z 坐标几何模型的透视投影矩阵（反证用）

同时，将公式 3-10 几何模型的眼睛坐标到 NDC 坐标——z（Vulkan）代入公式 3-23 裁剪坐标除以 $-z_e$ 得到 NDC 坐标，也可以推导得到基于 z 坐标几何模型的裁剪坐标到 NDC 坐标的变换，如公式 3-25 所示。

$$\begin{pmatrix} x_n \\ y_n \\ z_n \\ 1 \end{pmatrix} = \begin{pmatrix} \dfrac{x_c}{-z_c} \\ \dfrac{y_c}{-z_c} \\ \dfrac{1}{n-f} \cdot z_c + \dfrac{n}{n-f} \\ 1 \end{pmatrix} \quad （\text{Vulkan}）$$

公式 3-25　基于 z 坐标几何模型的裁剪坐标到 NDC 坐标变换（反证用）

公式 3-24 和公式 3-25 构成了基于 $z_c = z_e$ 得到的透视投影模型。这个模型得到的眼睛坐标到裁剪坐标的透视投影矩阵（公式 3-24）是没什么问题的，问题在于从裁剪坐标得到 NDC 坐标的过程（公式 3-25）。

裁剪坐标是在顶点着色器中生成，然后传递给透视除法的硬件做透视除法。这个模型意味着要从顶点着色器传递这些数据到透视除法硬件：x_c、y_c、z_c、n、f。同时，在执行裁剪坐标到 NDC 坐标变换的时候，不能够利用 GPU 更擅长的矢量乘以标量或者除以标量的运算。

2. $z_n = \dfrac{z_c}{-z_e}$ 的情况

结合公式 3-10 几何模型的眼睛坐标到 NDC 坐标——z（Vulkan）的表示：

$$z_c = -z_e z_n = -\frac{1}{n-f} \cdot z_e^2 - \frac{n}{n-f} \cdot z_e \quad \text{(Vulkan)}$$

这个公式的问题在于，每个 z_c 对应有两个 z_e 或一个（z_c 为 0 的时候）。虽然 z_n、z_e 是一一映射，但是 z_c、z_e 不是。

综合上面反证的两种情况，同时推广到 GL 的情况，对于 z 分量，使用公式 3-8 和公式 3-10 所示的几何模型并不是好的选择。

讨论完了为什么 z 坐标不适合使用几何模型，继续回到本节开头的问题：具体该如何选择 z_n、z_e、z_c 之间的关系？

一个需要考虑的因素是，公式 3-23 裁剪坐标除以 $-z_e$ 得到 NDC 坐标里面的 x、y 分量都除以了 $-z_e$，我们希望 z 分量也有类似的形式：

$$z_n = \frac{z_c}{-z_e}$$

这样就得到了公式 3-26，从裁剪坐标到 NDC 坐标可以用 GPU 的矢量除以标量运算。

$$\begin{pmatrix} x_n \\ y_n \\ z_n \\ 1 \end{pmatrix} = \begin{pmatrix} \dfrac{x_c}{-z_e} \\[2mm] \dfrac{y_c}{-z_e} \\[2mm] \dfrac{z_c}{-z_e} \\[2mm] 1 \end{pmatrix}$$

公式 3-26　裁剪坐标和眼睛坐标表示的 NDC 坐标

继续分析公式 3-26，由于 NDC 的 w_n 分量是 1，没有必要从裁剪坐标 w_c 分量推导得到 NDC 的 w_n 分量，所以看起来 w_c 并没有实际的用处。但是还是可以利用起来的，可以让 $w_c = -z_e$。这个变量是一个临时变量。这个临时变量有以下三个优点。

第一,有了 w_c,NDC 坐标可以用裁剪坐标来表示,没必要同时用裁剪坐标和眼睛坐标表示,如公式 3-27 所示。

$$\begin{pmatrix} x_n \\ y_n \\ z_n \\ 1 \end{pmatrix} = \begin{pmatrix} \dfrac{x_c}{w_c} \\[2mm] \dfrac{y_c}{w_c} \\[2mm] \dfrac{z_c}{w_c} \\[2mm] \dfrac{w_c}{w_c} \end{pmatrix}$$

公式 3-27　裁剪坐标表示的 NDC 坐标

第二,w_c 还有一个特殊的用途,可以用于视景体裁剪,后面会介绍。

最后,前面谈到裁剪坐标,对应到着色器变量 gl_Position,是 vec4 类型。也就是说,gl_Position 的 x、y、z 分量都用了,不如将这个 w 分量也利用起来,利用的办法就是 $w_c = -z_e$。其实也可以理解为 $-z_e$ 的缓存。

z_n 使用裁剪坐标 z_c 来表示。那么 z_c 是什么? x_c、y_c 都用 x_e、y_e 表达了。z_c 是否有类似的实现? 有一点是显然的,z_c 和 x_e、y_e 没有关系。

z_p 一直是 $-n$(世界坐标),没有携带任何有价值的深度信息。前面已经分析了最终输出的深度信息 z_n 需要满足两个条件:第一,z_n 必须要能够反映出深度信息用于深度测试,也就是说 z_n 应该和 z_e 相关,正反相关、线性非线性都可以。第二,z_n 和 z_e 还必须是一一映射,因为有些时候需要实现逆向变换(un-project)。考虑下 z_c、z_n 的关系,$z_n = \dfrac{z_c}{-z_e}$,深度信息 z_n 要满足的两个条件就变成了:$\dfrac{z_c}{-z_e}$ 要和 z_e 相关,正反相关、线性非线性都可以。$\dfrac{z_c}{-z_e}$ 和 z_e 必须是一一映射。容易想到的 z_c 表达式是(其实也可以有其他的表达方式,但是线性关系是最简单的):

$$z_c = A z_e + B$$

公式 3-28　裁剪坐标用眼睛坐标表示——z

显然,由于 $\dfrac{z_c}{-z_e} = -A + \dfrac{B}{-z_e}$,$\dfrac{z_c}{-z_e}$ 满足和 z_e 相关并一一映射的两个条件。

相应地,z_n 的表达式就是:

$$z_n = \frac{z_c}{w_c} = \frac{A z_e + B}{-z_e}$$

公式 3-29　引入裁剪坐标的 NDC 坐标表示——z

公式 3-29 仍然满足前面的这些前提(和 z_e 相关,一一映射)。

将公式 3-27 和公式 3-29 得到的结果,替换掉公式 3-21 眼睛坐标到裁剪坐标——xy (GL)和公式 3-22 眼睛坐标到裁剪坐标——xy(Vulkan)中关于 z、w 分量的部分,就得到了眼睛坐标到裁剪坐标的表达式。

对于 GL：

$$
\begin{pmatrix} x_c \\ y_c \\ z_c \\ w_c \end{pmatrix} = \begin{pmatrix} \dfrac{2n}{r-l} & 0 & \dfrac{r+l}{r-l} & 0 \\ 0 & \dfrac{2n}{t-b} & \dfrac{t+b}{t-b} & 0 \\ 0 & 0 & A & B \\ 0 & 0 & -1 & 0 \end{pmatrix} \begin{pmatrix} x_e \\ y_e \\ z_e \\ w_e \end{pmatrix}
$$

公式 3-30　眼睛坐标到裁剪坐标，参数 AB 未知

对于 GL，眼睛坐标系是右手，NDC 是左手，而且，NDC 的 z 位于 $[-1, 1]$。
所以得到了如表 3-7 所示的两个关系。

表 3-7　眼睛坐标到 NDC 坐标映射关系——z（GL）

眼睛坐标（z_e）	NDC 坐标（z_n）
$-n$	-1
$-f$	1

这样就得到了下面这个等式：

$$
\begin{cases} \dfrac{-An+B}{n} = -1 \\ \dfrac{-Af+B}{f} = 1 \end{cases} \quad \rightarrow \quad \begin{cases} -An+B = -n \\ -Af+B = f \end{cases}
$$

从上面的等式求解出 A、B：

$$
A = -\frac{f+n}{f-n}
$$

$$
B = -\frac{2fn}{f-n}
$$

将 A、B 代入 z_n 和 z_e 的关系公式 3-28 裁剪坐标用眼睛坐标和公式 3-29 引入裁剪坐标的 NDC 坐标，得到：

$$
z_c = -\frac{f+n}{f-n}z_e - \frac{2fn}{f-n}
$$

$$
z_n = \frac{-\dfrac{f+n}{f-n}z_e - \dfrac{2fn}{f-n}}{-z_e}
$$

正如前面分析过，z_n 和 z_e 是一一映射。

综合 x、y、z、w 四个分量的结果，得到了 GL 眼睛坐标到裁剪坐标，也就是 GL 流水线使用的透视投影矩阵如公式 3-31 所示。

$$\begin{vmatrix} \dfrac{2n}{r-l} & 0 & \dfrac{r+l}{r-l} & 0 \\[3mm] 0 & \dfrac{2n}{t-b} & \dfrac{t+b}{t-b} & 0 \\[3mm] 0 & 0 & \dfrac{-(f+n)}{f-n} & \dfrac{-2fn}{f-n} \\[3mm] 0 & 0 & -1 & 0 \end{vmatrix}$$

公式 3-31　透视投影矩阵（GL）

最后，模拟下 GL 几何模型和基于透视除法的模型的 z_n 表达式。

GL 的几何模型：

$$z_n = \frac{2}{n-f} \cdot z_e + \frac{n+f}{n-f}$$

GL 的透视除法模型：

$$z_n = \frac{-\dfrac{f+n}{f-n} \cdot z_e - \dfrac{2fn}{f-n}}{-z_e}$$

将两种 z_n 获得的方法，选择 $n=1$，$f=100$，代入两个模型，绘制 z_n 的曲线图，如图 3-12 所示。无论是直线还是曲线，都是一一映射的。

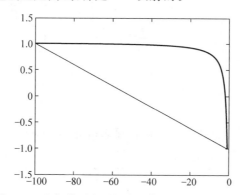

图 3-12　几何模型和透视除法模型的深度信息曲线

需要注意的是，$(x_c，y_c，z_c，w_c)$ 就是顶点着色器里输出的 gl_Position。在着色器中，gl_Position＝MVP×物体坐标。MVP 中的 P 就是眼睛坐标系到裁剪空间的变换。但是不要将 gl_Position 当作某个位置的具体的点。它其实没什么物理意义，或者说它携带了一些坐标信息，但是它本身不是坐标。事实上，gl_Position 在顶点着色器中计算出来之后，如果要使用它，通常都是除以 gl_Position.w 后再使用。

类似地，对于 Vulkan，眼睛坐标系是右手，NDC 是右手，而且 NDC 的 z 位于 0～1。所以得到了如表 3-8 所示关系。

表 3-8　眼睛坐标到 NDC 坐标映射关系——z（Vulkan）

眼睛坐标（z_e）	NDC 坐标（z_n）
$-n$	0
$-f$	1

这样就得到了下面这个函数：

$$\begin{cases} \dfrac{-An+B}{n} = 0 \\[3mm] \dfrac{-Af+B}{f} = 1 \end{cases} \quad \rightarrow \quad \begin{cases} -An+B = 0 \\ -Af+B = f \end{cases}$$

求解出 A、B：

$$A = \frac{f}{n-f}$$

$$B = \frac{nf}{n-f}$$

代入 z_n 和 z_e 的关系，得到：

$$z_n = \frac{\dfrac{f}{n-f} z_e + \dfrac{nf}{n-f}}{-z_e}$$

$$z_c = \frac{f}{n-f} z_e + \frac{nf}{n-f}$$

综合 x、y、z、w 四个分量，得到 Vulkan 的透视投影矩阵如公式 3-32 所示。

$$\begin{pmatrix} \dfrac{2n}{r-l} & 0 & \dfrac{r+l}{r-l} & 0 \\[3mm] 0 & -\dfrac{2n}{t-b} & -\dfrac{t+b}{t-b} & 0 \\[3mm] 0 & 0 & \dfrac{f}{n-f} & \dfrac{nf}{n-f} \\[3mm] 0 & 0 & -1 & 0 \end{pmatrix}$$

公式 3-32　透视投影矩阵（Vulkan）

3.7.3　透视除法

透视投影矩阵不是用来计算 NDC 坐标的，而是用来计算裁剪坐标的。裁剪坐标做了透视除法之后，得到的才是 NDC 坐标。

所以最后一步是透视除法，经过了这个除法，就得到了 NDC 空间的坐标，进而可以做窗口映射。这个除法需要用裁剪坐标的 x、y、z 分量除以 w 分量，如公式 3-33 所示。

$$\begin{pmatrix} x_n \\ y_n \\ z_n \end{pmatrix} = \begin{pmatrix} \dfrac{x_c}{w_c} \\[3mm] \dfrac{y_c}{w_c} \\[3mm] \dfrac{z_c}{w_c} \end{pmatrix}$$

公式 3-33　NDC 坐标等于裁剪坐标 x、y、z 分量除以 w 分量

齐次形式如公式 3-34 所示。

$$
\begin{pmatrix} x_n \\ y_n \\ z_n \\ 1 \end{pmatrix} = \begin{pmatrix} \dfrac{x_c}{-z_e} \\[2mm] \dfrac{y_c}{-z_e} \\[2mm] \dfrac{z_c}{w_c} \\[2mm] \dfrac{w_c}{w_c} \end{pmatrix}
$$

公式 3-34　裁剪坐标到 NDC 坐标的齐次形式的转换

裁剪坐标就是 gl_Position，如公式 3-35 所示。

$$
\begin{pmatrix} x_n \\ y_n \\ z_n \end{pmatrix} = \begin{pmatrix} \dfrac{\text{gl\_Position.}\, x}{\text{gl\_Position.}\, w} \\[2mm] \dfrac{\text{gl\_Position.}\, y}{\text{gl\_Position.}\, w} \\[2mm] \dfrac{\text{gl\_Position.}\, z}{\text{gl\_Position.}\, w} \end{pmatrix}
$$

公式 3-35　gl_Position 转换为非齐次的 NDC 坐标

透视除法完成的就是眼睛坐标到 NDC 转换的分母部分。

3.7.4　裁剪

有多种实现裁剪的方法，在透视投影的几何模型里面，介绍了眼睛空间、NDC 空间的裁剪方法。这些方法在引入裁剪坐标后还是适用的。此外，裁剪坐标空间也可以进行裁剪。

对于 GL，NDC 坐标点 $x_n, y_n, z_n \in [-1,1]$，才有机会参与显示，所以可以在 NDC 坐标空间进行裁剪。

根据公式 3-33 NDC 坐标等于裁剪坐标 x、y、z 分量除以 w 分量：

$$
\begin{pmatrix} x_n \\ y_n \\ z_n \end{pmatrix} = \begin{pmatrix} \dfrac{x_c}{w_c} \\[2mm] \dfrac{y_c}{w_c} \\[2mm] \dfrac{z_c}{w_c} \end{pmatrix}
$$

由于 $x_n, y_n, z_n \in [-1,1]$，相应地：

$$
\frac{x_c}{w_c}, \frac{y_c}{w_c}, \frac{z_c}{w_c} \in [-1,1]
$$

可见,裁剪还可以在求出裁剪坐标之后、透视除法之前进行。也就是说,$-|w_c|\leqslant x_c,y_c,z_c\leqslant|w_c|$,外面的点都会被裁剪掉。所以 w_c 提供了一种裁剪坐标系的裁剪方法,这就是为什么 3D 流水线将这个坐标叫作裁剪坐标。

对于 Vulkan,NDC 坐标点 $x_n,y_n\in[-1,1]$,$z_n\in[0,1]$ 才有机会参与显示,裁剪规则需要将落在 $-|w_c|\leqslant x_c,y_c\leqslant|w_c|$,$0\leqslant z_c\leqslant|w_c|$ 外面的点剔除掉。

3.7.5 FOV 表示透视投影矩阵

有些基于 WebGL、Vulkan 的应用,透视投影矩阵是通过 FOV(field of view)等参数来表示的。FOV 通常有四个输入参数:double fovY,double aspectRatio,double near,double far(fovY 也可以是 fovX,相应的 aspectRatio 也要调整为 width/near)。FOV 是视景体上下斜面之间的夹角(fovY)或者左右斜面之间的夹角(fovX),是 left、right、bottom、top、near、far 在 left=−right,bottom=−top 的简化表达方式(如果给视景体的远平面和眼睛形成的四棱锥作一条高,这个时候高和 z 轴重合),如图 3-13 所示。

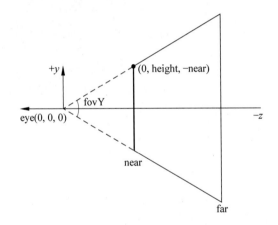

图 3-13　基于 FOV 的视景体

根据三角形的基本性质和用户的输入:

$$DEG2RAD=\frac{3.14159265}{180}$$

$$tangent=\frac{height}{near}=\tan\left(\frac{fovY}{2}\cdot DEG2RAD\right)$$

$$aspectRatio=\frac{width}{height}$$

得到的是:

$$height=near\cdot tangent$$
$$width=height\cdot aspectRatio$$

求得了这些参数之后,再根据 l、r、b、t 和宽高的关系,如公式 3-36 所示。

$$l = -\text{width}$$
$$r = \text{width}$$
$$b = -\text{height}$$
$$t = \text{height}$$

公式 3-36　l、r、b、t 和宽高的关系

还可以得到一个推论，如公式 3-37 所示。

$$\frac{n}{\text{width}} = \frac{n}{\text{height} \cdot \text{aspectRatio}}$$
$$= \frac{n}{n \cdot \text{tangent} \cdot \text{aspectRatio}}$$
$$= \frac{1}{\text{tangent} \cdot \text{aspectRatio}}$$
$$\frac{n}{\text{height}} = \frac{n}{n \cdot \text{tangent}} = \frac{1}{\text{tangent}}$$

公式 3-37　n-width-height 推论

现在就可以得到基于 FOV 透视矩阵的实现代码，如程序清单 3-3 所示。

程序清单 3-3　glFrustum 实现 FOV

```
void makeFrustum(double fovY, double aspectRatio, double near, double far)
{
 const double DEG2RAD = 3.14159265 / 180;
 // fovY/2 的正切
 double tangent = tan(fovY/2 * DEG2RAD);
 //近平面高度的一半
 double height = near * tangent;
 //近平面宽度的一半
 double width = height * aspectRatio;
 // 参数: left, right, bottom, top, near, far
 glFrustum( - width, width, - height, height, near, far);
}
```

除了上面基于 l、r、b、t 求解 FOV 透视矩阵的方法，当然也可以利用前面得到的透视投影矩阵直接求解。

对于 GL，在公式 3-31 透视投影矩阵（GL）

$$\begin{bmatrix} \dfrac{2n}{r-l} & 0 & \dfrac{r+l}{r-l} & 0 \\ 0 & \dfrac{2n}{t-b} & \dfrac{t+b}{t-b} & 0 \\ 0 & 0 & \dfrac{-(f+n)}{f-n} & \dfrac{-2fn}{f-n} \\ 0 & 0 & -1 & 0 \end{bmatrix}$$

里面代入公式 3-36 l、r、b、t 和宽高的关系，得到：

$$\begin{pmatrix} \dfrac{n}{\text{width}} & 0 & 0 & 0 \\ 0 & \dfrac{n}{\text{height}} & 0 & 0 \\ 0 & 0 & \dfrac{-(f+n)}{f-n} & \dfrac{-2fn}{f-n} \\ 0 & 0 & -1 & 0 \end{pmatrix}$$

再结合公式 3-37 n-width-height 推论,最终得到的矩阵如公式 3-38 所示。

$$\begin{pmatrix} \dfrac{1}{\text{tangent} \cdot \text{aspectRatio}} & 0 & 0 & 0 \\ 0 & \dfrac{1}{\text{tangent}} & 0 & 0 \\ 0 & 0 & \dfrac{f+n}{n-f} & \dfrac{2fn}{n-f} \\ 0 & 0 & -1 & 0 \end{pmatrix}$$

公式 3-38 FOV 表示的透视投影矩阵(GL)

如果将这个公式和 glMatrix 进行对比,程序清单 3-4 实现的透视投影和推导得到的矩阵是一致的。

程序清单 3-4 FOV 透视投影矩阵的 JavaScript 实现

```
// https://github.com/toji/gl-matrix/blob/master/src/mat4.js
export function perspective(out, fovy, aspect, near, far) {
// f = 1 / tangent
let f = 1.0 / Math.tan(fovy / 2);
let nf;
out[0] = f / aspect;
out[1] = 0;
out[2] = 0;
out[3] = 0;
out[4] = 0;
out[5] = f;
out[6] = 0;
out[7] = 0;
out[8] = 0;
out[9] = 0;
out[11] = -1;
out[12] = 0;
out[13] = 0;
out[15] = 0;
if (far != null && far !== Infinity) {
 nf = 1 / (near - far);
 out[10] = (far + near) * nf;
 out[14] = (2 * far * near) * nf;
} else {
```

```
  out[10] = -1;
  out[14] = -2 * near;
  }
 return out;
}
```

对于 Vulkan,将公式 3-32 透视投影矩阵(Vulkan):

$$\begin{pmatrix} \dfrac{2n}{r-l} & 0 & \dfrac{r+l}{r-l} & 0 \\[3mm] 0 & -\dfrac{2n}{t-b} & -\dfrac{t+b}{t-b} & 0 \\[3mm] 0 & 0 & \dfrac{f}{n-f} & \dfrac{nf}{n-f} \\[3mm] 0 & 0 & -1 & 0 \end{pmatrix}$$

代入公式 3-36 l、r、b、t 和宽高的关系:

$$\begin{pmatrix} \dfrac{n}{\text{width}} & 0 & 0 & 0 \\[3mm] 0 & -\dfrac{n}{\text{height}} & 0 & 0 \\[3mm] 0 & 0 & \dfrac{f}{n-f} & \dfrac{nf}{n-f} \\[3mm] 0 & 0 & -1 & 0 \end{pmatrix}$$

结合公式 3-37 n-width-height 推论,得到公式 3-39。

$$\begin{pmatrix} \dfrac{1}{\text{tangent} \cdot \text{aspectRatio}} & 0 & 0 & 0 \\[3mm] 0 & -\dfrac{1}{\text{tangent}} & 0 & 0 \\[3mm] 0 & 0 & \dfrac{f}{n-f} & \dfrac{nf}{n-f} \\[3mm] 0 & 0 & -1 & 0 \end{pmatrix}$$

公式 3-39　FOV 表示的透视投影矩阵(Vulkan)

大部分 Vulkan 例子都使用 glm 来创建透视投影矩阵。glm 支持左手、右手坐标系。同时还支持 $z \in [-1,1]$(GLM_DEPTH_NEGATIVE_ONE_TO_ONE)和 $z \in [0,1]$(GLM_DEPTH_ZERO_TO_ONE)两种深度模式。本书 Vulkan 透视投影矩阵都通过 glm::perspectiveRH 创建,如程序清单 3-5 所示。

程序清单 3-5　glm::perspectiveRH

```
template < typename T >
GLM_FUNC_QUALIFIER mat < 4, 4, T, defaultp > perspectiveRH(T fovy, T aspect, T zNear, T zFar)
{
 assert(abs(aspect - std::numeric_limits < T >::epsilon()) > static_cast < T >(0));
```

```
T const tanHalfFovy = tan(fovy / static_cast<T>(2));
mat<4, 4, T, defaultp> Result(static_cast<T>(0));
Result[0][0] = static_cast<T>(1) / (aspect * tanHalfFovy);
// y 的系数
Result[1][1] = static_cast<T>(1) / (tanHalfFovy);
Result[2][3] = - static_cast<T>(1);
#if GLM_DEPTH_CLIP_SPACE == GLM_DEPTH_ZERO_TO_ONE
Result[2][2] = zFar / (zNear - zFar);
Result[3][2] = -(zFar * zNear) / (zFar - zNear);
#else
Result[2][2] = - (zFar + zNear) / (zFar - zNear);
Result[3][2] = - (static_cast<T>(2) * zFar * zNear) / (zFar - zNear);
#endif
return Result;
}
```

但是这个透视投影矩阵和我们得到的公式有一个区别,y 的系数(元素 Result[1][1] 的值)符号相反:

```
Result[1][1] = static_cast<T>(1) / (tanHalfFovy);
```

所以大部分的例子,都在应用代码中将[1][1]位置的元素的值乘以了-1。常见的办法有以下几种。

1. 乘以额外的调整矩阵

譬如 LunarG/VulkanSamples(https://github.com/LunarG/VulkanSamples)相应的 glm::perspective 实现如程序清单 3-6 所示。

程序清单 3-6　LunarG/VulkanSamples 使用的透视投影矩阵

```
/*
https://github.com/lunarG/VulkanSamples/blob/master/API-Samples/utils/glm/gtc/matrix_
transform.inl,版本号 3a404f3.
*/
template<typename valType>
GLM_FUNC_QUALIFIER detail::tmat4x4<valType, defaultp> perspective(
  valType const& fovy,
  valType const& aspect,
  valType const& zNear,
  valType const& zFar) {
 assert(aspect != valType(0));
 assert(zFar != zNear);
#ifdef GLM_FORCE_RADIANS
 valType const rad = fovy;
#else
 valType const rad = glm::radians(fovy);
```

```
#endif
    valType tanHalfFovy = tan(rad / valType(2));
    detail::tmat4x4 < valType, defaultp > Result(valType(0));
    Result[0][0] = valType(1) / (aspect * tanHalfFovy);
    //y 的系数。
    Result[1][1] = valType(1) / (tanHalfFovy);
    Result[2][2] = - (zFar + zNear) / (zFar - zNear);
    Result[2][3] = - valType(1);
    Result[3][2] = - (valType(2) * zFar * zNear) / (zFar - zNear);
    return Result;
}
```

这段代码的特点是：与公式 3-39 FOV 表示的透视投影矩阵(Vulkan)相比较，y 的系数是：

```
Result[1][1] = valType(1) / (tanHalfFovy);
```

z 相关的系数是：

```
Result[2][2] = - (zFar + zNear) / (zFar - zNear);
Result[3][2] = - (valType(2) * zFar * zNear) / (zFar - zNear);
```

y 乘以了 -1，z 的系数决定了输出裁剪坐标位于 $[-1,1]$。所以在实现 LunarG/VulkanSamples 的时候，没有直接使用这个透视矩阵。而是在使用 glm::perspective 的时候，再次对 y 乘以 -1，同时将 z 变换到 $[0,1]$ 空间里面去。具体如程序清单 3-7 所示。

程序清单 3-7　调整透视投影矩阵

```
/ *
https://github.com/LunarG/VulkanSamples/blob/master/Sample - Programs/Hologram/Hologram.
cpp,版本号 7cca189.
* /
const glm::mat4 projection = glm::perspective(0.4f, aspect, 0.1f, 100.0f);
const glm::mat4 clip(1.0f, 0.0f, 0.0f, 0.0f, 0.0f, - 1.0f, 0.0f, 0.0f, 0.0f, 0.0f, 0.5f,
0.0f, 0.0f, 0.0f, 0.5f, 1.0f);
camera_.view_projection = clip * projection * view;
```

其实将 glm::perspective 调整成和公式 3-39 FOV 表示的透视投影矩阵(Vulkan)一样，同时在 Hologram.cpp 不再和 clip 矩阵相乘，得到的结果是一样的。

2. 直接在用户代码里面修改元素

如开源示例 VulkanTutorial 是直接调整 glm::perspective 生成的透视投影矩阵：ubo.proj[1][1] *= -1。

除了使用 glm 的例子外，Vulkan CookBook 是直接在代码里面实现的，它的实现和公式 3-39 FOV 表示的透视投影矩阵(Vulkan)是一致的，如程序清单 3-8 所示。

程序清单 3-8　Vulkan CookBook 的透视投影矩阵

```
Matrix4x4 PreparePerspectiveProjectionMatrix( float aspect_ratio,
         float field_of_view,
         float near_plane,
         float far_plane ) {
 float f = 1.0f / tan( Deg2Rad( 0.5f * field_of_view ) );
 Matrix4x4 perspective_projection_matrix = {
  f / aspect_ratio,
  0.0f,
  0.0f,
  0.0f,
  0.0f,
  - f,
  0.0f,
  0.0f,
  0.0f,
  0.0f,
  far_plane / (near_plane - far_plane),
  - 1.0f,
  0.0f,
  0.0f,
  (near_plane * far_plane) / (near_plane - far_plane),
  0.0f
 };
 return perspective_projection_matrix;
}
```

参考源代码：

LunarG 的 VulkanSamples，乘以额外的调整矩阵：

https://github.com/LunarG/VulkanSamples

https://github.com/lunarG/VulkanSamples/blob/master/API-Samples/utils/glm/gtc/matrix_transform.inl

VulkanTutorial：

https://github.com/Overv/VulkanTutorial.git

Vulkan CookBook：

https://github.com/PacktPublishing/Vulkan-Cookbook/blob/master/Library/Source%20Files/10%20Helper%20Recipes/04%20Preparing%20a%20perspective%20projection%20matrix.cpp

SaschaWillems 的 Vulkan 例子：

https://github.com/SaschaWillems/Vulkan.

https://github.com/g-truc/glm/blob/1ad55c5016339b83b7eec98c31007e0aee57d2bf/glm/gtc/matrix_transform.inl#L258

3.7.6　真实深度

z_e 是真实的深度信息,但是片元着色器无法直接得到 z_e。在片元着色器中,能够通过 gl_FragCoord.z 得到深度缓冲区的深度信息,称这个深度信息为 z_b。如何根据 z_b 获取真实的深度信息 z_e 呢?这需要理解两个关系。

1. z_b 和 z_n 的关系

如前所说,GL/Vulkan 得到的 z_n 可能是不一样的。z_n 可能是 $[-1.0,1.0]$,也可能是 $[0.0,1.0]$,但是真实存储在深度缓冲区的是 $[0.0,1.0]$,所以针对 $z_n \in [-1.0,1.0]$ 的情形,需要做如公式 3-40 的转换,从而将 z_n 转换为深度缓冲区需要的深度值。

$$z_b = 0.5 \cdot z_n + 0.5, \quad z_n \in [-1.0, 1.0]$$
$$z_b = z_n, \qquad\qquad z_n \in [0,1]$$

公式 3-40　NDC 深度到真实深度转换

2. z_e 和 z_n 的关系

根据公式 3-29 引入裁剪坐标的 NDC 坐标表示 $-z$:

$$z_n = \frac{z_c}{w_c} = \frac{Az_e + B}{-z_e}$$

也就是说:

$$z_e = -\frac{B}{z_n + A}$$

A、B 在 GL 和 Vulkan 不一样,要分两种情况来讨论。

针对 GL,$A = -\dfrac{f+n}{f-n}$、$B = -\dfrac{2fn}{f-n}$,得到 z_e 如公式 3-41 所示。

$$
\begin{aligned}
z_e &= -\frac{B}{z_n + A} \\
&= -\frac{-\dfrac{2fn}{f-n}}{z_n - \dfrac{f+n}{f-n}} \\
&= \frac{2fn}{z_n(f-n) - (f+n)}
\end{aligned}
$$

公式 3-41　NDC 深度和眼睛坐标的深度(GL)

相应的着色器源码,如程序清单 3-9 所示。

程序清单 3-9　深度缓冲区的深度信息-眼睛坐标系的 z(GL)

```
float linearDepth(float depth)
{
 float z = depth * 2.0f - 1.0f;
```

```
    return (2.0f * NEAR_PLANE * FAR_PLANE) / (FAR_PLANE + NEAR_PLANE - z * (FAR_PLANE -
        NEAR_PLANE));
}
```

针对 Vulkan，$A = \dfrac{f}{n-f}$、$B = \dfrac{nf}{n-f}$，得到 z_e 如公式 3-42 所示。

$$z_e = -\frac{B}{z_n + A}$$

$$= -\frac{\dfrac{nf}{n-f}}{z_n + \dfrac{f}{n-f}}$$

$$= -\frac{nf}{z_n(n-f) + f}$$

公式 3-42　NDC 深度和眼睛坐标的深度（Vulkan）

相应地，Vulkan 着色器实现的深度缓冲区的深度信息-眼睛坐标系深度的转换实现如程序清单 3-10 所示。

程序清单 3-10　深度缓冲区的深度信息-眼睛坐标系的 z（Vulkan）

```
float linearize_depth(float d, float zNear, float zFar)
{
    return zNear * zFar / (zFar + d * (zNear - zFar));
}
```

小　　结

理解透视投影是理解 3D 场景的关键。理解了透视投影，才能理解 3D 场景里面创建的几何物体最终的输出位置和大小。理解透视投影其意义就像学习数学的时候要理解 1 的意义一样。

本章用大量的几何数学公式来推导分析透视投影的几何模型和透视除法模型。几何模型侧重透视投影的几何原理，透视除法模型则针对几何模型做出了性能上的改进。相比较直接得出透视投影的推导方法，本章的分析方法将几何问题和算法优化问题隔离，因而更易于分析理解。

第 4 章　视图变换和眼睛坐标系

确定用户定义的场景后,世界坐标空间里面的物体就确定了。视图变换不能改变场景本身的内容,改变的是观看场景的位置和角度。从不同的位置和角度看同一个物体,看到的图像是不一样的,这就是视图变换的意义。GL 可以通过 gluLookAt/glm::lookAt 来创建视图变换矩阵,Vulkan 则可以使用 glm::lookAt。本章的分析都是基于 glm::lookAt 的。

理解视图变换的关键是:每一个坐标,它位于哪个坐标系。用户在一个具体的世界坐标系里面观察世界里面的物体,视图变换是用户在这个世界坐标系里面的位置和观察方向的变化引起的,所以 glm::lookAt 定义的眼睛的位置和朝向,是在世界坐标系里面的。其中眼睛的位置,是世界坐标系的一个点,同时也是眼睛坐标系的原点。由于透视投影的时候,使用的是眼睛坐标,因此需要将定义在世界坐标系的场景,变换到以 glm::lookAt 定义的眼睛位置为原点的眼睛坐标系,这个变换就是视图变换。

模型变换将 3D 场景从物体坐标空间变换到世界坐标,因而模型变换可能包含平移、缩放、旋转等变换。而视图变换是将 3D 场景通过平移、旋转从世界坐标空间变换到世界坐标。视图变换和模型变换本质上是一样的,除了视图变换不支持缩放,所以这两者可以用矩阵乘法合并成一个矩阵。在 OpenGL,用户可以通过 glMatrixMode 设置 GL_MODELVIEW,GL_MODELVIEW 指定的变换矩阵是模型变换矩阵和视图变换矩阵的乘积。Vulkan 并没有定义类似的 glMatrixMode,用户可以通过 glm::lookAt 创建视图矩阵,然后将这个矩阵和模型矩阵相乘,最后通过 uniform buffer 一起传递给顶点着色器。

视图变换由平移和旋转组成,它的齐次矩阵形式如公式 4-1 所示。

$$
\begin{aligned}
\boldsymbol{M}_{\text{view}} &= \boldsymbol{M}_{\text{rotation}} \boldsymbol{M}_{\text{translation}} \\
&= \begin{pmatrix} r_0 & r_4 & r_8 & 0 \\ r_1 & r_5 & r_9 & 0 \\ r_2 & r_6 & r_{10} & 0 \\ 0 & 0 & 0 & 1 \end{pmatrix} \begin{pmatrix} 1 & 0 & 0 & t_x \\ 0 & 1 & 0 & t_y \\ 0 & 0 & 1 & t_z \\ 0 & 0 & 0 & 1 \end{pmatrix} \\
&= \begin{pmatrix} r_0 & r_4 & r_8 & r_0 t_x + r_4 t_y + r_8 t_z \\ r_1 & r_5 & r_9 & r_1 t_x + r_5 t_y + r_9 t_z \\ r_2 & r_6 & r_{10} & r_2 t_x + r_6 t_y + r_{10} t_z \\ 0 & 0 & 0 & 1 \end{pmatrix}
\end{aligned}
$$

公式 4-1　视图变换的齐次矩阵

视图变换的齐次矩阵是根据 glm::lookAt 的参数生成的。glm::lookAt 的定义如下：

```
GLM_FUNC_QUALIFIER mat < 4, 4, T, P > lookAt(vec < 3, T, P > const & eye, vec < 3, T, P > const &
    center, vec < 3, T, P > const & up_)
```

参数 eye、center、up_ 的含义如下。

（1）eye：眼睛在世界坐标的位置。

（2）center：眼睛朝向 center 所在的位置。通过 center-eye 来确定视线的方向，即眼睛坐标系的 $-z$ 轴。

（3）up_：眼睛的朝向确定后，还需要通过 up_ 来定义物体的上下方向，也就是 y 轴。注意这里加了下画线。

x 轴的方向是 z 轴和 y 轴叉乘得到的。

默认情况下，可以用下面的方法来描述一个眼睛位于世界坐标原点、朝向 $-z$ 轴的视图矩阵：

```
glm::mat4 viewMatrix = glm::lookAt(glm::vec3(0.0f), glm::vec3(0.0f, 0.0f, − 1.0f),
    glm::vec3(0.0f, 1.0f,0.0f));
```

这个默认的视图矩阵其实就是单位矩阵，它描述的眼睛坐标系和世界坐标系重合。

本章会将视图变换矩阵拆分成平移和旋转两部分。然后利用 glm::lookAt 的参数推导出视图变换矩阵的平移部分和旋转部分。

参考源代码：

Vulkan/examples/projection_perspective_lookat

4.1 平　　移

眼睛位于世界坐标系的某个指定位置，对应的视图变换，就需要将世界坐标系里面的 3D 场景，通过相应的平移逆变换，变换到眼睛坐标。这个逆变换，是相对于世界坐标的位置而言的。譬如眼睛坐标是 $(-1, 0, 0)$，相应的视图变换就是 $(1, 0, 0)$。

分析一种简单的情况，眼睛从世界坐标的原点出发，在 x 方向左移单位 1。相应的 glm::lookAt 是：

```
glm::mat4 viewMatrix = glm::lookAt(glm::vec3(− 1.0f, 0.0f, 0.0f),
    glm::vec3(0.0f, 0.0f, − 1.0f),glm::vec3(0.0f, 1.0f, 0.0f));
```

即，眼睛定义在世界坐标系的 eye 位置（都简写成了整数形式）：eye $=(-1, 0, 0)$。世界坐标系的原点是：$O=(0, 0, 0)$。也就是说，眼睛相当于世界坐标系的原点左移（-1 个单位）了。同时眼睛的朝向（center）和物体的上下方向（up_）都没有发生变化，依然和世界坐标重合。那么要将世界坐标切换到眼睛坐标系，就应该将世界坐标系的所有物体右移（1 个单位）。同时由于视景体是定义在眼睛坐标系的，也相当于将整个视景体在世界

坐标系沿着 x 轴左移了,如图 4-1 所示。

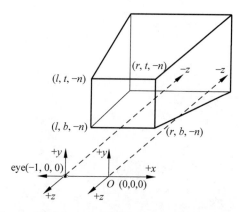

图 4-1　眼睛左移后,世界坐标系右移,视景体左移

同样地,针对 y、z 方向移动都是类似的情况。假设眼睛从原点移动了 (x,y,z),到达 eye 的位置。根据 lookAt 的参数确定矩阵的平移部分,如公式 4-2 所示。

$$
\boldsymbol{M}_{\text{translation}} =
\begin{bmatrix}
1 & 0 & 0 & -\text{eye}.x \\
0 & 1 & 0 & -\text{eye}.y \\
0 & 0 & 1 & -\text{eye}.z \\
0 & 0 & 0 & 1
\end{bmatrix}
$$

公式 4-2　视图变换矩阵的平移部分

4.2　旋　　转

在眼睛坐标系,x、y、z 三轴分别是 $(1,0,0)$、$(0,1,0)$、$(0,0,1)$。下面推导经过旋转变换后,这三个坐标轴在世界坐标系的表示方式。

假设眼睛坐标系的 x、y、z 轴的坐标,通过下面的旋转后得到其在世界坐标系的方向:

$$
\begin{bmatrix}
r_0 & r_4 & r_8 & 0 \\
r_1 & r_5 & r_9 & 0 \\
r_2 & r_6 & r_{10} & 0 \\
0 & 0 & 0 & 1
\end{bmatrix}
$$

对眼睛坐标系的三个坐标轴 x、y、z 分别做旋转,得到三个眼睛坐标系的坐标轴在世界坐标系的方向。

(1) 沿 x 轴 $(1,0,0)$ 旋转后得到:

$$
\begin{bmatrix}
r_0 & r_4 & r_8 & 0 \\
r_1 & r_5 & r_9 & 0 \\
r_2 & r_6 & r_{10} & 0 \\
0 & 0 & 0 & 1
\end{bmatrix}
\begin{bmatrix}
1 \\
0 \\
0 \\
1
\end{bmatrix}
=
\begin{bmatrix}
r_0 \\
r_1 \\
r_2 \\
1
\end{bmatrix}
$$

（2）沿 y 轴$(0，1，0)$旋转后得到：

$$\begin{pmatrix} r_0 & r_4 & r_8 & 0 \\ r_1 & r_5 & r_9 & 0 \\ r_2 & r_6 & r_{10} & 0 \\ 0 & 0 & 0 & 1 \end{pmatrix} \begin{pmatrix} 0 \\ 1 \\ 0 \\ 1 \end{pmatrix} = \begin{pmatrix} r_4 \\ r_5 \\ r_6 \\ 1 \end{pmatrix}$$

（3）沿 z 轴$(0，0，1)$旋转后得到：

$$\begin{pmatrix} r_0 & r_4 & r_8 & 0 \\ r_1 & r_5 & r_9 & 0 \\ r_2 & r_6 & r_{10} & 0 \\ 0 & 0 & 0 & 1 \end{pmatrix} \begin{pmatrix} 0 \\ 1 \\ 0 \\ 1 \end{pmatrix} = \begin{pmatrix} r_8 \\ r_9 \\ r_{10} \\ 1 \end{pmatrix}$$

旋转之前眼睛坐标系的 x、y、z 轴是正交的单位向量。旋转后得到的世界坐标系向量也是单位正交的。旋转矩阵里面的 1、2、3 列，正好和旋转后得到的 x、y、z 轴是一样的。这里用 right、up、forward 来表示眼睛坐标系的 x、y、z 在世界坐标系的方向：

$$\begin{pmatrix} r_0 \\ r_1 \\ r_2 \\ 1 \end{pmatrix} = \begin{pmatrix} \text{right.}x \\ \text{right.}y \\ \text{right.}z \\ 1 \end{pmatrix} \qquad \begin{pmatrix} r_4 \\ r_5 \\ r_6 \\ 1 \end{pmatrix} = \begin{pmatrix} \text{up.}x \\ \text{up.}y \\ \text{up.}z \\ 1 \end{pmatrix} \qquad \begin{pmatrix} r_8 \\ r_9 \\ r_{10} \\ 1 \end{pmatrix} = \begin{pmatrix} \text{forward.}x \\ \text{forward.}y \\ \text{forward.}z \\ 1 \end{pmatrix}$$

相应地，眼睛坐标到世界坐标的旋转矩阵变成：

$$\begin{pmatrix} \text{right.}x & \text{up.}x & \text{forward.}x & 0 \\ \text{right.}y & \text{up.}y & \text{forward.}y & 0 \\ \text{right.}z & \text{up.}z & \text{forward.}z & 0 \\ 0 & 0 & 0 & 1 \end{pmatrix}$$

要注意的是，这个变换是从眼睛坐标到世界坐标的，但是视图矩阵是从世界坐标到眼睛坐标系的，所以要对这个矩阵求逆（绕坐标轴旋转的矩阵的逆等于矩阵的转置），如公式 4-3 所示。

$$\begin{pmatrix} \text{right.}x & \text{up.}x & \text{forward.}x & 0 \\ \text{right.}y & \text{up.}y & \text{forward.}y & 0 \\ \text{right.}z & \text{up.}z & \text{forward.}z & 0 \\ 0 & 0 & 0 & 1 \end{pmatrix}^{-1} = \begin{pmatrix} \text{right.}x & \text{right.}y & \text{right.}z & 0 \\ \text{up.}x & \text{up.}y & \text{up.}z & 0 \\ \text{forward.}x & \text{forward.}y & \text{forward.}z & 0 \\ 0 & 0 & 0 & 1 \end{pmatrix}$$

公式 4-3　视图变换矩阵的旋转部分

4.3　视图变换矩阵

世界坐标系到眼睛坐标系的变换，可以用眼睛坐标系的 x、y、z 轴在世界坐标系的位置 right、up、forward 来表示。这三个方向表示的是 $+x$、$+y$、$+z$ 的方向。在 4.1 节得到了用 glm∷lookAt 参数 eye 表示的视图变换矩阵的平移部分，4.2 节得到了用 right、 up、forward 表示的视图变换矩阵的旋转部分。right、up、forward 是未知的,本节讨论用 glm::lookAt 参数来表示这三个未知参数,并最终得到视图变换矩阵。

如何根据 glm::lookAt 的参数 eye、center、up_ 来生成 right、up、forward?

第一个被确认的方向是 z 轴的方向。眼睛朝向 center 的方向被定义为 $-z$ 轴的方向,称作 forward′,如图 4-2 所示。

forward 和 forward′ 方向相反,根据图 4-2 得到归一化的 forward 的表达式如公式 4-4 所示。

$$\text{forward} = -\text{forward}' = -\frac{\text{center-eye}}{|\ \text{center-eye}\ |}$$

公式 4-4　z 轴,眼睛朝向 forward

right 是 x 轴的正方向,可以用 forward′×up_ 来计算,如图 4-3 和公式 4-5 所示。

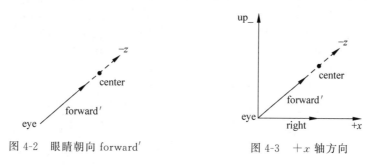

图 4-2　眼睛朝向 forward′　　　　图 4-3　$+x$ 轴方向

$$\text{right} = \frac{\text{forward}' \times \text{up\_}}{|\ \text{forward}' \times \text{up\_}\ |}$$

公式 4-5　$+x$ 轴方向 right

需要注意的是,up_ 仅用来计算 x 轴的方向。所谓 x 轴的方向,就是和 forward、up_ 所在平面垂直的那个方向。确定空间平面的一种方法是提供两条相交的直线。所以 up_ 的确定方法是:已知平面上的一条直线 forward,up_ 就是同一平面上的任意一条直线(这条直线是用户根据 3D 场景选择的,可能和 forward 垂直,也可能不垂直)。显然,这样的直线是无穷多的。针对本章的 Vulkan/examples/projection_perspection_lookat 例子,修改 glm::lookAt 的 up_ 参数依次为下面的值,得到的结果都是一样的。

```
glm::lookAt(glm::vec3(0.0f), glm::vec3(0.0f, 0.5f, −1.0f), glm::vec3(0.0f, 1.0f, 0.0f));
glm::lookAt(glm::vec3(0.0f), glm::vec3(0.0f, 0.5f, −1.0f), glm::vec3(0.0f, 1.0f, 0.1f));
glm::lookAt(glm::vec3(0.0f), glm::vec3(0.0f, 0.5f, −1.0f), glm::vec3(0.0f, 1.0f, 0.5f));
```

最后就是 y 轴的正向 up,y 轴正向 up 和 up_ 可能不是同一个方向(可能有一定的夹角,因为 glm::lookAt 里面提供的 up_,和 forward 可能不是垂直的,up_ 和叉乘得到的 right 是垂直的)。所以还需要再做一次叉乘,如公式 4-6 所示。

$$\text{up} = \text{right} \times \text{forward}'$$

公式 4-6　$+y$ 轴方向 up

前面已经将 right、forward、forward′归一化了,其叉乘的结果也是归一化的,所以没必要再除以其相应的模长。

right、up、forward 代表了眼睛坐标系的$+x$、$+y$、$+z$轴在世界坐标系的方向,综合得到公式 4-7。

$$\text{forward} = -\text{forward}' = -\frac{\text{center-eye}}{|\text{center-eye}|}$$

$$\text{right} = \frac{\text{forward}' \times \text{up}\_}{|\text{forward}' \times \text{up}\_|}$$

$$\text{up} = \text{right} \times \text{forward}'$$

公式 4-7　glm∷lookAt 参数表示的 right、up、forward

结合公式 4-1～公式 4-3,得到 M_{view} 视图变换矩阵如公式 4-8 所示。

$$M_{\text{view}} = M_{\text{rotation}} M_{\text{translation}}$$

$$= \begin{pmatrix} \text{right}.x & \text{right}.y & \text{right}.z & 0 \\ \text{up}.x & \text{up}.y & \text{up}.z & 0 \\ \text{forward}.x & \text{forward}.y & \text{forward}.z & 0 \\ 0 & 0 & 0 & 1 \end{pmatrix} \begin{pmatrix} 1 & 0 & 0 & -\text{eye}.x \\ 0 & 1 & 0 & -\text{eye}.y \\ 0 & 0 & 1 & -\text{eye}.z \\ 0 & 0 & 0 & 1 \end{pmatrix}$$

$$= \begin{pmatrix} \text{right}.x & \text{right}.y & \text{right}.z & -\text{right} \cdot \text{eye} \\ \text{up}.x & \text{up}.y & \text{up}.z & -\text{up} \cdot \text{eye} \\ \text{forward}.x & \text{forward}.y & \text{forward}.z & -\text{forward} \cdot \text{eye} \\ 0 & 0 & 0 & 1 \end{pmatrix}$$

公式 4-8　视图变换矩阵

其中,eye 来自 glm∷lookAt。right、up、forward 也可以根据 glm∷lookAt 的参数计算得到,如公式 4-7 所示。这样就得到了根据 glm∷lookAt 参数表示的视图矩阵,如程序清单 4-1 所示。

程序清单 4-1　glm∷lookAt 的右手坐标系实现

```
template < typename T, precision P>
GLM_FUNC_QUALIFIER mat < 4, 4, T, P> lookAtRH
(
 vec < 3, T, P> const & eye,
 vec < 3, T, P> const & center,
 vec < 3, T, P> const & up_
)
{
 // 归一化 forward′ = normalize(center - eye).注意 f 是 forward′,即 - forward
 vec < 3, T, P> const f(normalize(center - eye));
 // right = normalize(forward′ x up_).s 是 right
 vec < 3, T, P> const s(normalize(cross(f, up_)));
 // up = right x forward′,u 是 up
 vec < 3, T, P> const u(cross(s, f));
 mat < 4, 4, T, P> Result(1);
 // right 存储到 Result[0][0]、Result[1][0]、Result[2][0]
 Result[0][0] = s.x;
```

```
Result[1][0] = s.y;
Result[2][0] = s.z;
// up 存储到 Result[0][1]、Result[1][1]、Result[2][1]
Result[0][1] = u.x;
Result[1][1] = u.y;
Result[2][1] = u.z;
// forward = - forward.forward 存储到 Result[0][2]、Result[1][2]、Result[2][2]
Result[0][2] = -f.x;
Result[1][2] = -f.y;
Result[2][2] = -f.z;
// 平移部分存储到 Result[3][0]、Result[3][1]、Result[3][2]
Result[3][0] = -dot(s, eye);
Result[3][1] = -dot(u, eye);
Result[3][2] = dot(f, eye);
return Result;
}
```

4.4 示　　例

示例 Vulkan/exmples/projection_perspective_lookat 显示的 3D 场景,是在视景体的 z 方向做一个切面,也就是一个矩形。

默认视图矩阵定义的眼睛位于世界坐标原点,朝向－z 轴。形式如下。

```
uboVS.view = glm::lookAt(glm::vec3(0.0f), glm::vec3(0.0f, 0.5f, -1.0f),
  glm::vec3(0.0f, 1.0f, 0.0f));
```

默认视图矩阵示意如图 4-4 所示。

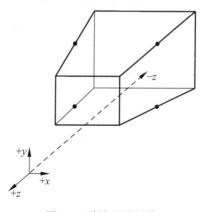

图 4-4　默认视图矩阵

修改眼睛朝向为(0.0f, 0.5f, －1.0f),即将整个视图向上倾斜,类似抬头看物体的效果:

```
glm::lookAt(glm::vec3(0.0f), glm::vec3(0.0f, 0.5f, -1.0f), glm::vec3(0.0f, 1.0f, 0.5f));
```

倾斜后, x 方向没有变化。但是 y 和 z,和倾斜之前的 y 和 z 有了一定的夹角。倾斜后,原来基于世界坐标系原点(和眼睛坐标系原点重合)构建的视景体就不再使用了,需要基于新的眼睛坐标系构建新的视景体,如图 4-5 所示。

基于新的眼睛坐标系构建了新的视景体后,3D 场景的部分内容被移出了(假设你现在正平视着计算机显示器,然后将头抬起一定的角度,就只能看到显示器的上半部分的内容),如图 4-6 所示。

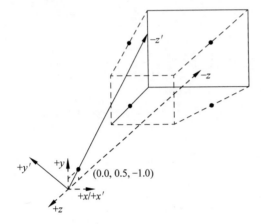

图 4-5　倾斜视图后,坐标轴倾斜

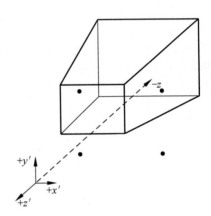

图 4-6　倾斜视图后,部分内容被移出

小　　结

对于同一个场景,如果想要从不同的角度观察,就需要使用视图变换。如果场景里面仅有一个物体,而且物体的模型变换仅包含平移和旋转变换,那么,模型变换可以实现视图变换一样的效果。但是如果是包含多个物体和模型变换的场景,视图变换比模型变换更加方便。另外要注意的是,视图变换得到的是眼睛坐标,但是构建视图变换需要的参数,是定义在世界坐标系的。

第 5 章 正 交 投 影

投影是为了将 3D 场景用 2D 平面来表示。正交投影是最简单的一种投影,它用一组垂直于投影面的平行光,照射到物体上,来获取 2D 的投影。

5.1 坐标系和坐标变换

如果物体空间定义的坐标系是以窗口像素来定义,投影面的尺寸就等于用户的窗口尺寸,3D 空间的坐标,去掉 z 分量就可以得到其正交投影点在窗口的坐标。但是我们更常用的一种正交投影,其输出的投影点位于区间 $[(-1, -1, -1), (1, 1, 1)]$ 内。这要求正交投影不仅要能去掉 z 坐标,还要能够对坐标进行缩放以得到归一化的坐标。窗口通常是以屏幕的像素来表示的,所以正交投影得到的归一化的坐标,需要变换成窗口坐标。这个变换的过程,就是视口变换,它和透视投影里面使用的视口变换是类似的。和正交投影相关的变换如图 5-1 所示。

图 5-1 正交投影相关的变换

5.2 正 交 投 影 变 换

本节将讨论正交投影变换的求解和实现。和求解方程式一样,要先去寻找已知条件。根据上面讨论的各种变换之间的关系可以看到,针对窗口变换,对于给定的窗口宽和高,其输入范围是确定的:$[(-1, -1, -1), (1, 1, 1)]$;其输出范围也是确定的:$[(0, 0), (w, h)]$。窗口变换的输入,就是正交投影的输出,因此正交投影的输出范围是:$[(-1, -1, -1), (1, 1, 1)]$。

另一个已知条件,来自正交投影的定义。glm::ortho 在创建一个正交投影矩阵时,会提供 left(l)、right(r)、bottom(b)、top(t)、near(n)、far(f)等参数,如程序清单 5-1

所示。

程序清单 5-1　glm∷ortho

```
template < typename T >
GLM_FUNC_QUALIFIER mat < 4, 4, T, defaultp > ortho (
 T left, T right,
 T bottom, T top,
 T zNear, T zFar);
```

glm∷ortho 还有 2D 形式,不需要提供 near、far 参数,方便用于 2D 场景,如程序清单 5-2 所示。

程序清单 5-2　glm∷ortho 的 2D 形式

```
template < typename T >
GLM_FUNC_DECL mat < 4, 4, T, defaultp > ortho (
 T left,
 T right,
 T bottom,
 T top);
```

正交投影要比透视投影简单,能够线性地从眼睛坐标映射到归一化的 NDC 坐标。对于 x、y、z 三个分量,其变换过程都是线性的。其中,x、y 分量的计算和投影坐标点到 NDC 坐标的计算是一样的,结论也是类似的。不过正交投影多出了一个 z 坐标的计算。根据三者的线性关系,容易建立三者之间的联系,如公式 5-1 所示。

$$x_n = \frac{1 - (-1)}{r - l} \cdot x_e + \beta_1$$

$$y_n = \frac{1 - (-1)}{t - b} \cdot y_e + \beta_2$$

$$z_n = \frac{1 - (-1)}{-f - (-n)} \cdot z_e + \beta_3$$

公式 5-1　正交投影眼睛坐标到 NDC 坐标

根据两个已知条件,有:

$$x_n = \frac{2}{r - l} \cdot x_e - \frac{r + l}{r - l}$$

$$y_n = \frac{2}{t - b} \cdot y_e - \frac{t + b}{t - b}$$

$$z_n = \frac{-2}{f - n} \cdot z_e - \frac{f + n}{f - n}$$

得到的投影矩阵如公式 5-2 所示。

$$\begin{pmatrix} \dfrac{2}{r-l} & 0 & 0 & -\dfrac{r+l}{r-l} \\ 0 & \dfrac{2}{t-b} & 0 & -\dfrac{t+b}{t-b} \\ 0 & 0 & \dfrac{-2}{f-n} & -\dfrac{f+n}{f-n} \\ 0 & 0 & 0 & 1 \end{pmatrix}$$

公式 5-2　正交投影矩阵

有些正交投影的应用场景,可能不需要 z 坐标,这个时候正交投影的第三行第三列数据可以直接丢弃。这个问题在后面的 Skia 章节还会深入。

参考源代码:

WebGL/projection/projection_ortho.html

小　　结

本章分析了正交投影使用的坐标系,并推导了正交投影矩阵。下面总结正交投影里面涉及的坐标系和几种变换。

- 物体坐标:物体坐标的选择会影响模型变换、投影矩阵的选择。
- 模型变换:将物体坐标的点变换到世界坐标。模型变换也和透视投影一致,这里不再重复。
- 正交投影:将世界坐标的点映射到 $[(-1,-1,-1),(1,1,1)]$(我们的例子里面使用这个模型,当然也可以选择其他的映射方式)。
- 视口变换:将正交投影坐标映射到实际的窗口坐标。这部分的推导和透视投影是一样的,读者可以参考后面的章节视口变换部分。

正交投影变换是一种简单的线性变换,不能实现透视投影的远大近小的效果,适合对已经渲染好了的 2D、3D 场景进行合成的场合,例如 Android 和 Chromium 的合成器使用的都是正交投影。

第6章 视口变换

3D 内容呈现在屏幕之前，还需要经历视口变换。视口变换将透视投影得到的 NDC 坐标映射到窗口的真实坐标。通常用偏移量加上宽和高来定义视口及其变换。视口（viewport）和窗口系统创建的窗口是有区别的。本章讨论的就是视口和窗口重合时的视口变换，这个时候视口大小等于窗口的大小，视口的原点和窗口的原点重合。

6.1 NDC 到窗口的变换

GL 和 Vulkan 都用 x'、y'、w、h、minDepth、maxDepth 来定义视口变换，但是默认情况下，两者对这些参数的解释略有区别。

GL 对参数的解释如下。

- x'、y'：视口的左下角，默认是 $(0,0)$。
- w、h：视口的宽、高。
- minDepth：对应视景体近平面的深度，默认是 -1。
- maxDepth：对应视景体远平面的深度，默认是 1。

Vulkan 对参数的解释如下。

- x'、y'：视口的左上角。
- w、h：视口的宽、高。
- minDepth 对应视景体近平面的深度，默认是 0。
- maxDepth 对应视景体远平面的深度，默认是 1。

可以通过 NDC 坐标系的四个顶点和窗口的四个顶点之间的关系来描述 NDC 和窗口之间的关系。两者之间的映射关系在 GL 和 Vulkan 中有些不同。

对于 GL，如图 6-1 所示，视口变换定义的 NDC 和窗口之间的关系是：

$$(-1, -1, -1) => (x', y', \text{minDepth})$$
$$(1, 1, 1) => (x' + w, y' + h, \text{maxDepth})$$

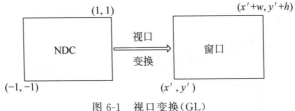

图 6-1　视口变换（GL）

对于 Vulkan,如图 6-2 所示,视口变换定义的 NDC 和窗口之间的关系是:

$$(-1, -1, 0) => (x', y', \text{minDepth})$$
$$(1, 1, 1) => (x'+w, y'+h, \text{maxDepth})$$

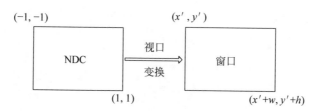

图 6-2　视口变换(Vulkan)

显然,NDC 坐标和窗口坐标是线性关系:

$$x_w = k_1 x_n + \beta_1$$
$$y_w = k_2 y_n + \beta_2$$
$$z_w = k_3 z_n + \beta_3$$

结合图 6-1 和图 6-2,GL 和 Vulkan 的 x、y 两个分量的数学关系是一样的。两者的区别在于 z 分量。所以这里先讨论 x、y 分量,然后讨论 z 分量。

对于 x、y 分量,代入四个顶点的值,得到:

$$k_1 = \frac{w}{2}, \quad \beta_1 = x' + \frac{w}{2}$$
$$k_2 = \frac{h}{2}, \quad \beta_2 = y' + \frac{h}{2}$$

对于 GL 的 z 分量,代入 $-1=>\text{minDepth}$、$1=>\text{maxDepth}$,得到:

$$\beta_3 = \frac{\text{minDepth} + \text{maxDepth}}{2}, \quad k_3 = \frac{\text{maxDepth} - \text{minDepth}}{2}$$

对于 Vulkan 的 z 分量,代入 $0=>\text{minDepth}$、$1=>\text{maxDepth}$,得到:

$$\beta_3 = \text{minDepth}, \quad k_3 = \text{maxDepth} - \text{minDepth}$$

从而得到 NDC 坐标到视口坐标的变换公式是:

$$x_w = \frac{w}{2} x_n + x' + \frac{w}{2}$$
$$y_w = \frac{h}{2} y_n + y' + \frac{h}{2}$$
$$z_w = \frac{\text{maxDepth} - \text{minDepth}}{2} z_n + \frac{\text{minDepth} + \text{maxDepth}}{2} \quad (\text{GL})$$
$$z_w = (\text{maxDepth} - \text{minDepth}) z_n + \text{minDepth} \quad (\text{Vulkan})$$

求解得到 NDC 坐标到窗口坐标之间的视口变换如公式 6-1 所示。

$$\begin{pmatrix} x_w \\ y_w \\ z_w \end{pmatrix} = \begin{pmatrix} \dfrac{w}{2}x_n + x' + \dfrac{w}{2} \\ \dfrac{h}{2}y_n + y' + \dfrac{h}{2} \\ \dfrac{maxDepth - minDepth}{2}z_n + \dfrac{minDepth + maxDepth}{2} \end{pmatrix} \quad \text{(GL)}$$

$$\begin{pmatrix} x_w \\ y_w \\ z_w \end{pmatrix} = \begin{pmatrix} \dfrac{w}{2}x_n + x' + \dfrac{w}{2} \\ \dfrac{h}{2}y_n + y' + \dfrac{h}{2} \\ (maxDepth - minDepth)z_n + minDepth \end{pmatrix} \quad \text{(Vulkan)}$$

公式 6-1 视口变换

同样地,可以用齐次矩阵来表示,如公式 6-2 所示。

$$\begin{pmatrix} x_w \\ y_w \\ z_w \\ 1 \end{pmatrix} = \begin{pmatrix} \dfrac{w}{2} & 0 & 0 & x' + \dfrac{w}{2} \\ 0 & \dfrac{h}{2} & 0 & y' + \dfrac{h}{2} \\ 0 & 0 & \dfrac{maxDepth - minDepth}{2} & \dfrac{minDepth + maxDepth}{2} \\ 0 & 0 & 0 & 1 \end{pmatrix} \begin{pmatrix} x_n \\ y_n \\ z_n \\ 1 \end{pmatrix} \quad \text{(GL)}$$

$$\begin{pmatrix} x_w \\ y_w \\ z_w \\ 1 \end{pmatrix} = \begin{pmatrix} \dfrac{w}{2} & 0 & 0 & x' + \dfrac{w}{2} \\ 0 & \dfrac{h}{2} & 0 & y' + \dfrac{h}{2} \\ 0 & 0 & maxDepth - minDepth & minDepth \\ 0 & 0 & 0 & 1 \end{pmatrix} \begin{pmatrix} x_n \\ y_n \\ z_n \\ 1 \end{pmatrix} \quad \text{(Vulkan)}$$

公式 6-2 齐次形式的视口变换矩阵

从接口层面来看,GL 和 Vulkan 对视口的支持有些区别。GL 使用 glViewport 来描述 x'、y'、w、h。另外两个参数 minDepth、maxDepth 是通过 glDepthRange 来指定的。

Vulkan 则是通过 vkCmdSetViewport 设置一个 VkViewport,如程序清单 6-1 所示。

程序清单 6-1 VkViewport

```
typedef struct VkViewport {
  float   x;
  float   y;
  float   width;
  float   height;
  float   minDepth;
  float   maxDepth;
} VkViewport;
```

6.2　NDC 到 $[0, 1]$ 的变换

除了上面这个变换,和 NDC 相关的还有一个常用变换,就是将 NDC 坐标变换到 uv 坐标。常见的变换是从 NDC $[(-1.0, -1.0, -1.0), (1.0, 1.0, 1.0)]$ 变换到 uv 坐标 $[(0.0, 0.0, 0.0), (1.0, 1.0, 1.0)]$,或者 2D $[(-1.0, -1.0), (1.0, 1.0)]$ 变换到 $[(0.0, 0.0), (1.0, 1.0)]$,如图 6-3 所示。$[(0.0, 0.0), (1.0, 1.0)]$ 称为单位窗口。

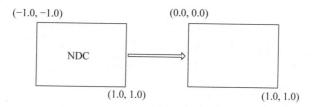

图 6-3　NDC 到单位窗口的变换

容易联想到,本节的变换其实是 6.1 节 NDC 到窗口的变换的一个特例。将 $x'=0$、$y'=0$、$w=1$、$h=1$,代入公式 6-2 齐次形式的视口变换矩阵,得到 3D 变换矩阵如公式 6-3 所示。

$$\begin{pmatrix} 0.5 & 0 & 0 & 0.5 \\ 0 & 0.5 & 0 & 0.5 \\ 0 & 0 & 0.5 & 0.5 \\ 0 & 0 & 0 & 1.0 \end{pmatrix}$$

公式 6-3　3D NDC 到单位窗口的变换

2D 的变换矩阵如公式 6-4 所示。

$$\begin{pmatrix} 0.5 & 0 & 0.5 \\ 0 & 0.5 & 0.5 \\ 0 & 0 & 1.0 \end{pmatrix}$$

公式 6-4　NDC 到单位窗口的变换

小　　结

无论是将 NDC 坐标变换到窗口坐标,还是将 NDC 坐标变换成 uv 坐标,这些都是简单的线性变换,具体的变换过程是封装在 3D 流水线里面的。用户仅需要提供视口相关的信息。

第 7 章　3D 顶点——3D 世界的 1

很多科学是建立在约定的单位尺度上的。譬如 1 米被定义为光在真空中于 1/299 792 458 秒内行进的距离,1 秒被定义为铯 133 原子基态的两个超精细能级间跃迁对应辐射的 9 192 631 770 个周期的持续时间。没有这些约定,人类对同一个科学规律的描述可能需要用不同的方法进行转换。约定和理解科学里面的 1,对科学的传播和延续至关重要。同样,理解 3D 顶点的单位 1 所代表的物理意义,对 3D 场景的设计非常重要。

3D 程序里面,用户输入的顶点坐标到底是什么,它和窗口的尺寸有关系吗? 怎么设置输入坐标,可以让输出的图形填充整个窗口? 顶点坐标里面的单位 1,在 GL/Vulkan 里面,对应到最终的窗口,会是多少? 本章会分析这些问题。

定义 1,当然可以像 1 米那样定义为光在真空中于 1/299 792 458 秒内行进的距离,也可以用光在真空中通过 1 秒钟传播的距离 299 792 458 米来定义。本章选择了类似后面的方法,即如何设计 3D 顶点,可以让输出的图形正好填充整个窗口。

模型视图变换的使用会影响 1 的定义。GL 的模型视图变换可以用 glUniformMatrix4fv 来指定。对于 Vulkan,则可以通过 uniform buffer 来指定。如果没有指定模型变换、视图变换,那么顶点就是在视景体坐标里面使用的眼睛坐标。如果使用了 glUniformMatrix4fv 或者 uniform buffer 来设置模型视图矩阵,实际上映射到视景体上点的坐标,就不完全由顶点坐标来指定了。这个时候视景体上的眼睛坐标要做转换:需要用顶点坐标乘以 uniformMatrix4fv(或者 uniform buffer)指定的模型视图矩阵得到眼睛坐标。本章主要是为了分析理解 1 的含义,模型视图变换的引入会让 1 的含义变得相对复杂,而且理解了没有模型视图场景的 1 之后,很容易理解引入了模型视图场景的 1。所以本章后续的分析,就是在没有设置模型视图变换的情形下进行的。

7.1　眼　睛　坐　标

本节主要分析眼睛坐标 1 的意义,以及如何将一个矩形完整地输出到窗口。

用户输入的顶点坐标,位于物体坐标空间,要经过模型变换才能从物体坐标变换到世界坐标。本节讨论将一个矩形输出到整个输出窗口,矩形的四个顶点在同一个物体坐标空间。由于整个场景只存在一个物体(矩形),可以不考虑模型变换(考虑模型变换得到的最终结论是类似的)。如果不考虑模型变换,那么顶点坐标其实就是世界坐标。在这个时候,顶点坐标就和世界坐标系重合。更进一步,我们不需要视图变换,这意味着世界坐标系和眼睛坐标系也重合了。这样的话,顶点坐标里面的 1,就是世界坐标里面的 1,也是眼睛坐标里面的 1,不过这个 1 和窗口本身的尺寸没有直接关系。

对顶点坐标的解释以及 1 的定义的解释适用于 GL 和 Vulkan。默认情形下,眼睛坐标系里面的点,其 z 坐标必须是负数才可见。这是因为默认的眼睛坐标系,摄像头/眼睛的位置是朝向 $-z$ 方向(没有视图变换),$+z$ 方向的点都位于摄像头或者眼睛背后,是不可见的。所以本章讨论的场景,用户提供的顶点,没有模型视图变换,其 z 坐标是负的。

有了前面这些假设,眼睛看到的整个 3D 世界只有一个眼睛坐标系。相应的视景体上的点的坐标,就是眼睛坐标。因而要实现一个全屏的矩形,只要用户定义的顶点,都位于眼睛坐标系的投影体(正交投影,透视投影)的四条棱柱上,那么,这四个点对应的矩形就被映射到了近平面的边界(即使不是矩形也可以投影到近平面得到一个矩形),也就会输出整个窗口。

7.2 正 交 投 影

在正交投影的情况,顶点坐标和正交投影矩阵相乘后得到归一化的坐标,归一化的坐标乘以窗口变换矩阵后,得到窗口坐标。从这个角度看,顶点坐标和窗口系统的像素没有直接关系。

如果用户定义的正交投影矩阵是通过 left(l)、right(r)、bottom(b)、top(t)、near(n)、far(f)来定义,根据公式 5-2 正交投影矩阵,正交投影输入的眼睛坐标和输出的 NDC 坐标之间的关系如公式 7-1 所示。

$$x_n = \frac{2}{r-l} \cdot x_e - \frac{r+l}{r-l}$$

$$y_n = \frac{2}{t-b} \cdot y_e - \frac{t+b}{t-b}$$

$$z_n = \frac{-2}{f-n} \cdot z_e - \frac{f+n}{f-n}$$

公式 7-1 正交投影的眼睛坐标和 NDC 坐标的关系

这个关系有一个特点,眼睛坐标满足公式 7-2 所示的条件的时候,这个点才有机会参与显示。

$$l \leqslant x_e \leqslant r$$

$$b \leqslant y_e \leqslant t$$

$$n \leqslant -z_e \leqslant f$$

公式 7-2 正交投影的裁剪条件

对于正交投影,用户到底用什么坐标和窗口的尺寸并没有必然关系。真正有关系的是用户定义正交投影时指定的近平面坐标尺寸(即 l、r、b、t。对于正交投影,任意 z 位置的投影平面都是这个尺寸)。近平面的尺寸范围,就是用户输入的眼睛坐标的范围。用户眼睛坐标的单位 1，对应近平面的单位 1。眼睛坐标 z_e 的选择对最终输出图形的大小没有影响，但是位于 $[-f, -n]$ 之外的点将不会被显示。

综合这些考虑，要显示一个输出到整个窗口的矩形，x_e 取 l、r，y_e 取 b、t 的组合就可以。至于 $-z_e$，只要属于 $[-f, -n]$ 就可以。

譬如按照程序清单 7-1 的方法来定义顶点坐标和正交投影就可以显示一个填充到整个窗口的矩形。

程序清单 7-1　填充到整个窗口

```
mat4.ortho(left, right, bottom, topp, near, far,pMatrix);
// z 可以是任意 [-f, -n] 的数
var z = -1.0;
vertices = [
  left, bottom, z,
  right, bottom, z,
  right, top, z,
  left, top, z,
];
```

mat4.ortho[①] 的实现，就是前面推导正交矩阵得到的公式 5-2 正交投影矩阵，但是转置了，如程序清单 7-2 所示。

程序清单 7-2　正交矩阵

```
export function ortho(out, left, right, bottom, top, near, far) {
  let lr = 1 / (left - right);
  let bt = 1 / (bottom - top);
  let nf = 1 / (near - far);
  out[0] = -2 * lr;
  out[1] = 0;
  out[2] = 0;
  out[3] = 0;
  out[4] = 0;
  out[5] = -2 * bt;
  out[6] = 0;
  out[7] = 0;
  out[8] = 0;
  out[9] = 0;
  out[10] = 2 * nf;
  out[11] = 0;
  out[12] = (left + right) * lr;
  out[13] = (top + bottom) * bt;
  out[14] = (far + near) * nf;
  out[15] = 1;
  return out;
}
```

① glmatrix 正交投影矩阵，https://github.com/toji/gl-matrix/blob/8f383e1107a2631672830bad4226348ba4e0507c/src/mat4.js#L1364。

　　至于 left、right、bottom、top 本身的选择，用户可以根据自己的需求来定。

　　如果希望点的眼睛坐标(0,0)显示在屏幕的中心位置，left、right、bottom、top 的选择如程序清单 7-3 所示。

程序清单 7-3　left、right、bottom、top 的选择

```
// WebGL/projection/projection_ortho.html
function initLRBT() {
 left = - gl.viewportWidth/2;
 right = gl.viewportWidth/2;
 bottom = - gl.viewportHeight/2;
 topp = gl.viewportHeight/2;
}
```

　　如果希望点的眼睛坐标(0,0)对应显示在屏幕的左上角，left、right、bottom、top 的选择如程序清单 7-4 所示。

程序清单 7-4　left、right、bottom、top 的选择 2

```
// WebGL/projection/projection_ortho_2.html
function initLRBT() {
 left = 0;
 right = gl.viewportWidth;
 bottom = gl.viewportHeight;
 topp = 0;
}
```

　　也可以让 left、right、bottom、top 选择为 -1 或者 1。这个时候，如果要填充整个窗口，用户输入的点的坐标，也是 -1 或者 1。

　　实际上为了方便，有时候希望用户顶点定义的 1，就是窗口定义的宽高的单位 1(不考虑模型变换)。前面谈到过，窗口的宽高和眼睛坐标没有直接关系。但是，如果将正交投影近平面的四个参数 left、right、bottom、top 所定义的矩形设置为窗口(本章将窗口等同于视口)的大小，如程序清单 7-4 所示，left＝0、right＝gl. viewportWidth、bottom＝0、top＝gl. viewportHeight，这个时候眼睛坐标的 1 和窗口定义的 1 是一样大小的，因而顶点坐标的 1，也就间接地和窗口坐标一致了。

7.3　透视投影

　　由于正交投影的近平面和远平面大小是一样的，物体在近平面的投影位置和大小，和 z 位置没有关系。对于透视投影，近平面和远平面大小不一样。同样的物体，在不同的 z 位置，投影得到的投影面的大小不一样，靠近 $-n$ 的显得比较大，如图 7-1 所示，P 和 Q 代表了同样高度的一个物体，Q 距离近平面要近，因此在近平面投影成的像要比 P 的大。因而用户如何定义点的尺寸，和远近平面的定义、点本身的 z 坐标都有关系。

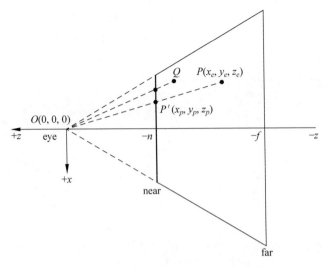

图 7-1　点 P 的坐标和投影面上 P' 之间的关系

透视投影章节已经得到了对于任给的 z，每一个世界坐标，投影到近平面的点的坐标求解公式 3-3 眼睛坐标表示的投影坐标（注意 z_e 是带符号的）：

$$x_p = \frac{n \cdot x_e}{-z_e}$$

$$y_p = \frac{n \cdot y_e}{-z_e}$$

x_p、y_p 是位于眼睛坐标的点投影到近平面的结果，因而位于近平面定义的 left、right、bottom、top 里面，所以得到投影坐标的范围如公式 7-3 所示。

$$\text{left} \leqslant x_p = \frac{-n \cdot x_e}{z_e} = \frac{n \cdot x_e}{-z_e} \leqslant \text{right}$$

$$\text{bottom} \leqslant y_p = \frac{-n \cdot y_e}{z_e} = \frac{n \cdot y_e}{-z_e} \leqslant \text{top}$$

公式 7-3　正交投影投影坐标的范围

用眼睛坐标来表示，得到公式 7-4。

$$\text{left} \cdot \frac{-z_e}{n} \leqslant x_e \leqslant \text{right} \cdot \frac{-z_e}{n}$$

$$\text{bottom} \cdot \frac{-z_e}{n} \leqslant y_e \leqslant \text{top} \cdot \frac{-z_e}{n}$$

公式 7-4　正交投影眼睛坐标的范围

这个时候眼睛坐标里面的 1，和近平面的 1 对应着不同的投影大小。

特别地，对于 $z_e = -n$，投影得到的坐标 x_p、y_p，就等于 x_e、y_e。同时，眼睛坐标的范围变为：

$$\text{left} \leqslant x_e \leqslant \text{right}$$

$$\text{bottom} \leqslant y_e \leqslant \text{top}$$

这个时候眼睛坐标里面的 1,和近平面的 1 有着相同的投影大小。

理解了这个关系后,要显示一个填充到整个窗口的矩形,只要让投影点的坐标等于 left、right、bottom、top 就可以了:

$$x_p = \frac{-n \cdot x_e}{z_e} = \frac{n \cdot x_e}{-z_e} = \text{left} \qquad // \text{ 或者 right}$$

$$y_p = \frac{-n \cdot y_e}{z_e} = \frac{n \cdot y_e}{-z_e} = \text{bottom} \qquad // \text{ 或者 top}$$

注意,矩形是四个点,所以要求解出 $x_p = \text{left}$ 或 right、$y_p = \text{bottom}$ 或 top。

相应地,根据眼睛坐标和投影坐标的关系,求得相应的眼睛坐标:

$$x_e = \frac{\text{left} \cdot (-z_e)}{n} \qquad // \text{ 或者 right}$$

$$y_e = \frac{\text{bottom} \cdot (-z_e)}{n} \qquad // \text{ 或者 top}$$

WebGL 的例子如程序清单 7-5 所示(可以调整 scale 参数看看有什么效果)。

程序清单 7-5　WebGL 实现 NDC 是单位 1 的顶点

```
// WebGL/projection/projection_perspective_quad.html
// 将 FOV 转换为 left、right、bottom、top
function initLRBT() {
  aspect = gl.viewportWidth/gl.viewportHeight;
  // tangent 是 fovY/2 的正切
  var tangent = tan(fovY/2);
  height = near * tangent;
  width = height * aspect;
  left = -width;
  right = width;
  bottom = -height;
  topp = height;
}
// 根据 initLRBT 计算得到的 l、r、b、t 求出顶点坐标
function initVertices() {
  var scale = 1.0;
  // zEye 可以是 -near, -far 之间的任意值
  var zEye = -0.5;
  var leftAtAnyZ = left * zEye/-near;
  var rightAtAnyZ = right * zEye/-near;
  var bottomAtAnyZ = bottom * zEye/-near;
  var topAtAnyZ = topp * zEye/-near;
  vertices = [
    leftAtAnyZ * scale, bottomAtAnyZ * scale, zEye,
    rightAtAnyZ * scale, bottomAtAnyZ * scale, zEye,
    rightAtAnyZ * scale, topAtAnyZ * scale, zEye,
    leftAtAnyZ * scale, topAtAnyZ * scale, zEye,
  ];
```

```
    return vertices;
}
```

Vulkan 的实现也是类似的,具体的源码如程序清单 7-6 所示。无论是 WebGL 还是 Vulkan 的例子,其参数 left、right、bottom、top 都是根据 FOV 和视口的宽高来确定的。具体的转换可以参考 3.7.5 节 FOV 表示透视投影矩阵。

程序清单 7-6 Vulkan 实现 NDC 是单位 1 的顶点

```
// Vulkan/examples/projection_perspective_quad
aspect = (float)viewportWidth / viewportHeight;
float tangent = tan(fovY / 2 * DEG2RAD);
height = near * tangent;
width = height * aspect;
left = - width;
right = width;
bottom = - height;
top = height;
float scale = 1.0;
float leftAtAnyZ = left * zEye / ( - near) * scale;
float rightAtAnyZ = right * zEye / ( - near) * scale;
float bottomAtAnyZ = bottom * zEye / ( - near) * scale;
float topAtAnyZ = top * zEye / ( - near) * scale;
std::vector < Vertex > vertexBuffer = {
  {{leftAtAnyZ, bottomAtAnyZ, zEye}, {1.0f, 0.0f, 0.0f}},
  {{rightAtAnyZ, bottomAtAnyZ, zEye}, {0.0f, 1.0f, 0.0f}},
  {{rightAtAnyZ, topAtAnyZ, zEye}, {0.0f, 0.0f, 1.0f}},
  {{leftAtAnyZ, topAtAnyZ, zEye}, {0.0f, 1.0f, 0.0f}}};
```

程序清单 7-6 用来全屏显示四个顶点组成的矩形。如果要全屏显示一个纹理,则需要在顶点缓冲区里面加上纹理的 uv 坐标,如程序清单 7-7 所示。

程序清单 7-7 Vulkan 全窗口显示一个纹理

```
// Vulkan/examples/projection_perspective_texture
std::vector < Vertex > vertices = {
  {{leftAtAnyZ, bottomAtAnyZ, zEye}, {0.0f, 1.0f}, {1.0f, 0.0f, 1.0f}},
  {{rightAtAnyZ, bottomAtAnyZ, zEye}, {1.0f, 1.0f}, {1.0f, 1.0f, 1.0f}},
  {{rightAtAnyZ, topAtAnyZ, zEye}, {1.0f, 0.0f}, {0.0f, 0.0f, 1.0f}},
  {{leftAtAnyZ, topAtAnyZ, zEye}, {0.0f, 0.0f}, {0.0f, 0.0f, 1.0f}},
};
```

视景体内任意 z 位置的 left、right、bottom、top 参数映射到了 NDC 坐标系的四个顶点,在纹理映射阶段从纹理的相应 uv 坐标处采样,最后输出的是用户提供的完整图片,具体映射如图 7-2 所示。

表 7-1 以表格的形式描述了顶点坐标和 NDC 坐标,uv 坐标之间的映射关系(注意本例的顶点是逆时针顺序的)。

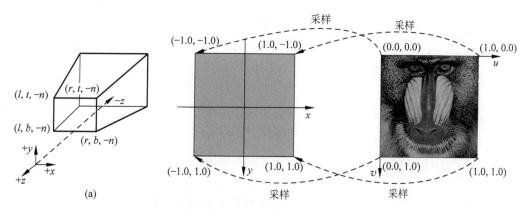

图 7-2　Vulkan 全窗口显示时的视景体、NDC 坐标、uv 坐标映射关系

表 7-1　顶点坐标、NDC 坐标、纹理坐标之间的映射

顶点索引	顶点坐标		NDC 坐标		纹理坐标	
	x	y	x	y	u	v
0	l	b	-1.0	1.0	0.0	1.0
1	r	b	1.0	1.0	1.0	1.0
2	r	t	1.0	-1.0	1.0	0.0
3	l	t	-1.0	-1.0	0.0	0.0

小　　结

　　本章介绍了 3D 世界 1 的含义。3D 世界里面对 1 的理解是和场景的模型视图变换相关的,脱离了具体的模型视图变换,1 就没有意义。3D 系统对 1 的理解在不同的投影模型下也有些不同,透视投影的 1 和深度信息有关,正交投影的 1 则和深度信息无关。

第8章 纹 理 坐 标

前面分析了 x、y、z、w 四个坐标,本章开始分析剩下的两个坐标:u、v 坐标。之所以叫 u、v,是因为 x、y、z 已经被顶点坐标使用了。

纹理可以表达为 1D、2D 和 3D 的。2D 的纹理坐标叫 uv 坐标。如果是 3D,则需要三个字母来表示。假设用 position 来表示一个 3D 纹理的坐标,着色器可以用 position.uvw 来访问每一个坐标分量。这带来的一个问题是:position.w 可以被理解为纹理的 w 坐标,也可以被理解为顶点坐标的齐次分量 w。所以虽然也将纹理坐标叫作 uv 坐标,但是实际上为了避免和顶点产生歧义,在 GL/Vulkan 的着色器里面,纹理坐标的各个分量被叫作 s、t、r、q(齐次分量),而不是 u、v、w。

有意思的是,$xyzw$、$strq$,以及通常用来表达颜色的 RGBA,都只是为了方便理解这个数据所存储的数据类型。譬如一个存储了纹理 $uvwq$ 坐标的 position,可以通过 position.strq 访问,也可以通过 position.xyzw、position.rgba 来访问。但是不能通过 position.strw 来访问。

图片通过纹理坐标(texure element coordinates)进行采样。目前有以下三种纹理坐标。

(1) 归一化的,$[0.0,1.0]$,本书大部分章节都使用归一化的坐标。

(2) 未归一化的,$[0.0, width / height / depth]$。

(3) 整数未归一化的,$[0, width / height / depth]$。本章中的环绕模式一节会讨论这个坐标。

Vulkan 规范里面提到,归一化的坐标使用 st 等表示,未归一化的则用 uv 表示。但是本书大部分章节讨论的都是归一化的纹理坐标。除非特殊说明,都用 uv 表示。

纹理坐标的计算可以很复杂,譬如将纹理贴图到复杂的不规则的 3D 物体上面。本章先讨论最简单的情况,即三角形的纹理贴图。三角形里面每个点的相应的纹理坐标,是通过三角形插值实现的。然后讨论网格实现的平面和球体的纹理贴图。

关于 uv 坐标本书的约定是:OpenGL 的 uv 坐标原点在左下方,u 坐标从左到右,v 坐标从下到上。Vulkan 的在左上方,u 坐标从左到右,v 坐标从上到下。

8.1 像素和多重采样

在没有多重采样的情况下,一个像素对应一个采样样本(sample),片元着色器的采样单元是一个样本,一个像素。

多重采样要对一个像素采样一到多次,如 1、2、4、8、16 次,如图 8-1 所示。多重采样的像素生成的样本如表 8-1 所示。采样得到的每个样本都有自己的颜色、深度等信息。这样的话,片元着色器就可以对每个样本进行操作了。所以多重采样的时候,一个像素对应多个采样样本,需要片元着色器执行多次。

多重采样主要用在抗锯齿譬如 MSAA 的场合。本书的例子都没有使用多重采样,因此片元着色器的采样单元就是一个像素。

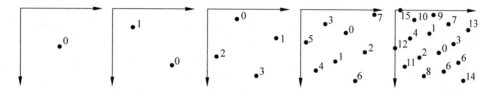

图 8-1　多重采样:1,2,4,8,16

表 8-1　多重采样的像素生成的样本

1 位	2 位	4 位	8 位	16 位
				(0.5625, 0.5625)
				(0.4375, 0.3125)
				(0.3125, 0.625)
				(0.75, 0.4375)
			(0.5625, 0.3125)	(0.1875, 0.375)
			(0.4375, 0.6875)	(0.625, 0.8125)
		(0.375, 0.125)	(0.8125, 0.5625)	(0.8125, 0.6875)
(0.5,0.5)	(0.75,0.75)	(0.875, 0.375)	(0.3125, 0.1875)	(0.6875, 0.1875)
	(0.25,0.25)	(0.125, 0.625)	(0.1875, 0.8125)	(0.375, 0.875)
		(0.625, 0.875)	(0.0625, 0.4375)	(0.5, 0.0625)
			(0.6875, 0.9375)	(0.25, 0.125)
			(0.9375, 0.0625)	(0.125, 0.75)
				(0.0, 0.5)
				(0.9375, 0.25)
				(0.875, 0.9375)
				(0.0625, 0.0)

在没有多重采样的时候,不同的平台对采样位置的解释可能有区别。Vulkan 不支持 pixel_center_integer[①],因此采样的时候,总是在 (0.5, 0.5) 位置。对于 GL,采样的位置可以是 (0.5, 0.5),也可以通过 pixel_center_integer 调整到整数位置。

---

① GL 的 pixel_center_integer,https://www. khronos. org/registry/OpenGL-efpages/gl4/html/gl_FragCoord. xhtml。Vulkan 不支持 pixel_center_integer,https://www. khronos. org/registry/vulkan/specs/1. 0-wsi_extensions/html/chap36. html # spirvenv-module-validation。

8.2 三角形插值

三角形的插值主要解决下面的问题。

（1）已知三角形的三个顶点，以及每个顶点的颜色，怎么求解出三角形里面任意一个点的颜色？

（2）已知三角形的三个顶点，以及每个顶点 z 坐标，怎么求解出三角形里面任意一个点 z 坐标？

（3）已知一个三角形的三个顶点，以及一个纹理的三角形部分，如何把纹理的颜色贴图到三角形的每一个点？

上面的问题，用图 8-2 描述就是：已知三角形的三个顶点 V_0、V_1、V_2 的 x、y、z 坐标，以及每个点对应的纹理 u、v 坐标和颜色，如何求解出三角形中的任意一点 P 的 u、v 坐标和颜色 RGB？

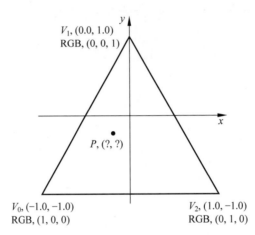

图 8-2 三角形的纹理插值问题

无论是求解 u、v 坐标还是颜色，这些问题的解决方法是类似的。

8.2.1 最近距离法

容易想到的方法是，点 P 距离哪个点比较近，就用哪个点的颜色。这个方法的问题是，每个点的颜色，仅受到一个点的颜色的影响。效果如图 8-3 所示。

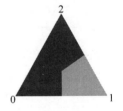

图 8-3 最近距离法

最近距离法，并没有得到实际的使用，就不深入了。

8.2.2 加权距离法

最近距离法中，每个点的颜色只能受一个点的影响。如果希望每个点的颜色能同时受三个点的颜色影响呢？加权距离法，针对最近距离法的这个问题做了改进：用到三个顶点的距离，来加权计算最终的颜色等信息。

加权距离法，需要先计算出 P 到每个点的距离：

$$distance_1 = \sqrt{(x_1 - x_p)^2 + (y_1 - y_p)^2}$$

$$distance_2 = \sqrt{(x_2 - x_p)^2 + (y_2 - y_p)^2}$$

$$distance_3 = \sqrt{(x_3 - x_p)^2 + (y_3 - y_p)^2}$$

加权系数则是距离的倒数：

$$w_1 = \frac{1}{distance_1}$$

$$w_2 = \frac{1}{distance_2}$$

$$w_3 = \frac{1}{distance_3}$$

颜色是三个顶点颜色的加权：

$$color_p = \frac{w_1 color_1 + w_2 color_2 + w_3 color_3}{w_1 + w_2 + w_3}$$

这个方法的一个问题是，针对如图 8-4 所示的情况，点 P 位于点 V_1、V_2 的连线上，无法实现点 P 的颜色只受点 V_1、V_2 的影响。因为根据加权距离法，点 P 距离点 V_0 最近，V_0 所占的权重最大。

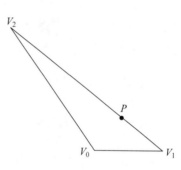

图 8-4　加权距离法的问题

8.2.3　重心坐标法

实际更常用的是重心坐标法。根据重心坐标计算每一个点的坐标，如公式 8-1 所示。

$$x_p = w_0 x_0 + w_1 x_1 + w_2 x_2$$

$$y_p = w_0 y_0 + w_1 y_1 + w_2 y_2$$

$$z_p = w_0 z_0 + w_1 z_1 + w_2 z_2$$

公式 8-1　根据重心坐标计算任意一点的坐标

求得用三个已知顶点坐标表示的重心坐标，如公式 8-2 所示。

$$w_0 = \frac{(y_1 - y_2)(x_p - x_2) + (x_2 - x_1)(y_p - y_2)}{(y_1 - y_2)(x_0 - x_2) + (x_2 - x_1)(y_0 - y_2)}$$

$$w_1 = \frac{(y_2 - y_0)(x_p - x_2) + (x_0 - x_2)(y_p - y_2)}{(y_1 - y_2)(x_0 - x_2) + (x_2 - x_1)(y_0 - y_2)}$$

$$w_2 = 1 - w_0 - w_1$$

公式 8-2　重心坐标的计算

根据重心坐标,分别求得颜色,z 坐标,u、v 坐标的表达方式。

颜色:

$$\text{color}_p = \frac{w_0 \text{color}_0 + w_1 \text{color}_1 + w_2 \text{color}_2}{w_0 + w_1 + w_2}$$

z 坐标:

$$z_p = \frac{w_0 z_0 + w_1 z_1 + w_2 z_2}{w_0 + w_1 + w_2}$$

u、v 坐标:

$$u_p = \frac{w_0 u_0 + w_1 u_1 + w_2 u_2}{w_0 + w_1 + w_2}$$

$$v_p = \frac{w_0 v_0 + w_1 v_1 + w_2 v_2}{w_0 + w_1 + w_2}$$

8.3　纹理映射和纹理坐标

图形引擎根据用户输入的顶点,插值生成所有的点,然后图形引擎给这些生成的点着色。着色的时候使用的颜色,有两种选择:一种是根据用户指定顶点的颜色,插值生成的颜色;另一种是从纹理采样得到的。本节介绍颜色来自纹理采样的情况。

考虑比较简单的情况,将一个纹理输出到两个三角形组成的四边形。

对于 WebGL,如图 8-5 所示的三角形 012,顶点 0 的颜色,采样自纹理坐标 $uv(0.0, 0.0)$,1 来自 $uv(1.0, 0.0)$,2 来自 $uv(1.0, 1.0)$。三角形顶点 0、1、2 之外的其他点的颜色,则需要先用插值方法得到该点的 uv 坐标,然后用这个 uv 坐标对纹理相应位置进行采样。

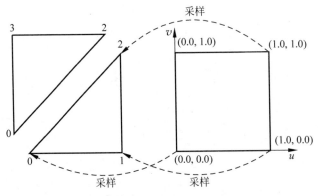

图 8-5　简单的三角形映射——WebGL

对于 Vulkan,如图 8-6 所示的三角形 012,顶点 0 的颜色,采样自纹理坐标 $uv(0.0, 1.0)$,1 来自 $uv(1.0, 1.0)$,2 来自 $uv(1.0, 0.0)$。之所以和 WebGL 有区别,是因为我们约定的 uv 坐标原点和 WebGL 不同。

如果要对矩形进行贴图,用户需要输入如图 8-6 所示由 0、1、2、3 四个顶点构成的矩形,以及相应的矩形纹理。由于 GPU 流水线是以三角形为单位进行处理的,因此在贴图

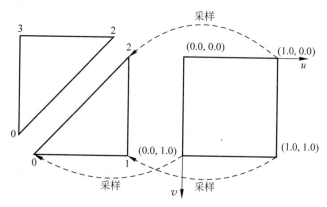

图 8-6　简单的三角形映射——Vulkan

阶段，纹理采样被分为两个三角形完成。要注意的是：纹理坐标不会改变最终矩形要显示的尺寸和位置（尺寸和位置是顶点决定的）。它影响的，仅仅是输出的每一个点的颜色。纹理坐标通常以属性（attribute）传递给着色器，着色器利用 TextureLookup 函数对坐标指定位置的颜色进行采样。如果顶点形状是不规则的，譬如校正 VR 透镜产生的畸变，则需要做特殊的纹理映射处理。

纹理 uv 坐标的不同，虽然不会影响最终输出窗口的大小，但是会影响输出的每个点的颜色。如果 uv 小于 1，纹理会被裁剪掉一部分。如果大于 1，而且环绕模式（wrapping mode）是重复（repeat），图像会被重复采样。最后，裁剪或者重复后得到的纹理，会作为一个整体，贴图到用户指定的顶点坐标。

沿用前面的分析思路，我们考察一个变量的时候，另一个变量不变。本章考察纹理坐标，所以视口和视景体都是固定的。至于顶点坐标，如果是全屏输出，则会使用使 NDC 为 1 的顶点坐标。如果是非全屏输出，则会给 NDC 为 1 的顶点坐标乘以一个缩放参数。

WebGL 的视口和透视投影矩阵如程序清单 8-1 所示。

程序清单 8-1　WebGL 的视口和透视投影矩阵

```
// 视口
gl.viewport(0, 0, gl.viewportWidth, gl.viewportHeight);
// 透视投影矩阵
mat4.perspective(45, gl.viewportWidth / gl.viewportHeight, near, far, pMatrix);
```

Vulkan 的视口和透视投影矩阵如程序清单 8-2 所示。

程序清单 8-2　Vulkan 的视口和透视投影矩阵

```
// 视口
VkViewport viewport = vks::initializers::viewport(
(float)viewportWidth, (float)viewportHeight, 0.0f, 1.0f);
vkCmdSetViewport(drawCmdBuffers[i], 0, 1, &viewport);
// 透视投影矩阵
uboVS.projection = glm::perspective(
```

```
glm::radians(60.0f), (float)viewportWidth / (float)viewportHeight, near,far);
uboVS.projection[1][1] *= -1.0f;
```

NDC 坐标在全窗口坐标的基础上增加了 scale 变量。因而可以实现等于 1 和小于 1 的 NDC 坐标，如程序清单 8-3 和程序清单 8-4 所示。

程序清单 8-3　WebGL 的 NDC 坐标，可以缩放

```javascript
function initVertices() {
  // scale 为 1 的时候全窗口输出，小于 1 时部分窗口输出
  var scale = 1.0;
  var zEye = -0.5;
  var leftAtAnyZ = left * (zEye)/-near;
  var rightAtAnyZ = right * (zEye)/-near;
  var bottomAtAnyZ = bottom * (zEye)/-near;
  var topAtAnyZ = topp * (zEye)/-near;
  vertices = [
   leftAtAnyZ * scale, bottomAtAnyZ * scale, zEye,
   rightAtAnyZ * scale, bottomAtAnyZ * scale, zEye,
   rightAtAnyZ * scale, topAtAnyZ * scale, zEye,
   leftAtAnyZ * scale, topAtAnyZ * scale, zEye,
  ];
  return vertices;
}
```

程序清单 8-4　Vulkan 的 NDC 坐标，可以缩放

```cpp
// scale 为 1 的时候全窗口输出，小于 1 时部分窗口输出
float scale = 1.00;
float zEye = -5.0;
float leftAtAnyZ = left * zEye / (-near) * scale;
float rightAtAnyZ = right * zEye / (-near) * scale;
float bottomAtAnyZ = bottom * zEye / (-near) * scale;
float topAtAnyZ = top * zEye / (-near) * scale;
std::vector<Vertex> vertices = {
  {{leftAtAnyZ, bottomAtAnyZ, zEye},
  …
  {{rightAtAnyZ, bottomAtAnyZ, zEye},
  …
  {{rightAtAnyZ, topAtAnyZ, zEye},
  …
  {{leftAtAnyZ, topAtAnyZ, zEye},
  …
};
```

8.3.1 环绕模式

用户定义的归一化纹理尺寸大于 1 的时候,需要通过指定采样器的 addressModeU/addressModeV/addressModeW 来设置环绕模式(wrapping mode)[①],这样的话 1 之外的部分就有了具体的采样规则,具体计算规则如公式 8-3 所示。需要注意的是,u、v、w 三个方向都可以使用不同的环绕模式。公式里面的 i,表示了某个方向的非归一化的整数坐标(不是归一化的坐标)。

$$i = \begin{cases} i \bmod size & \text{repeat} \\ (size-1) - mirror((i \bmod (2 \cdot size)) - size) & \text{mirrored repeat} \\ clamp(i, 0, size-1) & \text{clamp to edge} \\ clamp(i, -1, size) & \text{clamp to border} \\ clamp(mirror(i), 0, size-1) & \text{mirrored clamp to edge} \end{cases}$$

公式 8-3 环绕模式的坐标计算规则

其中,mirror 和 clamp[②] 的定义是:

$$clamp(v, lo, hi) = \begin{cases} \max(v, lo) & v < hi \\ hi & v \geq hi \end{cases}$$

$$mirror(n) = \begin{cases} n & n \geq 0 \\ -(1+n) & n < 0 \end{cases}$$

具体解释如下。

重复(repeat):以该方向的尺寸 size 为周期进行循环,默认模式。其在某个方向上的模式是:$0, 1, \cdots, size-1; 0, 1, \cdots, size-1$。

镜像重复(mirrored repeat):以该方向的尺寸 size 为周期进行循环。每次循环的时候,会对相邻的纹理做镜像。其在某个方向上的模式是:$0, 1, \cdots, size-1; size-1, \cdots, 1, 0$。

边缘颜色填充(clamp to edge):超出纹理尺寸的部分,用相邻纹理的最后一个单位的纹理进行重复填充。环绕模式 clamp to edge 的一种常见用途是,如果需要实现某个方向的渐变,如 u 方向,这当然可以作出一张宽为 w 高为 h 的渐变图片来实现。这个渐变图片的特点是,一个固定的 u 坐标其对应的所有 v 坐标都是同一个颜色。因此可以利用环绕模式,将这个图片制作成宽为 1 高为 h 的图片。这个特性可以用于 Android 系统里面的 nine patch 图片的加速。其在某个方向上的模式是:$0, 1, \cdots, size-1; size-1, size-1, \cdots, size-1$。

默认颜色填充(clamp to border):超出纹理尺寸的部分,用默认的颜色进行重复填充。其在某个方向上的模式是:$0, 1, \cdots, size-1; size, size, \cdots, size$。size 已经超出了纹

---

① 环绕模式,https://www.khronos.org/registry/vulkan/specs/1.1-extensions/html/vkspec.html#textures-wrapping-operation。

② clamp 函数的定义,https://zh.cppreference.com/w/cpp/algorithm/clamp。

理的尺寸,所以 size 不是从纹理上面采样,而是来自默认的颜色。

镜像边缘颜色填充(mirrored clamp to edge):超出纹理尺寸的部分,用相邻纹理的最后一个单位的纹理进行重复填充。如果坐标都是正数,它和 clamp to edge 是一样的。如果坐标有负数部分,则负数部分的图像和正数部分的图像关于 0 对称。如果有负数部分,其在某个方向上的模式是:size-1,size-1,$\cdots$,size-1; size-1,$\cdots$,1,0; 0,1,$\cdots$,size-1; size-1,size-1,$\cdots$,size-1。

其中,非 mirror 的三种环绕模式如图 8-7 所示。

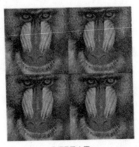

REPEAT　　　　　　　CLAMP_TO_EDGE　　　　　CLAMP_TO_BORDER

图 8-7　三种环绕模式比较

Vulkan 通过 VkSamplerAddressMode 定义这 5 种环绕模式,默认是重复模式,如程序清单 8-5 所示。

程序清单 8-5　Vulkan wrapping 模式

```
typedef enum VkSamplerAddressMode {
  VK_SAMPLER_ADDRESS_MODE_REPEAT = 0,
  VK_SAMPLER_ADDRESS_MODE_MIRRORED_REPEAT = 1,
  VK_SAMPLER_ADDRESS_MODE_CLAMP_TO_EDGE = 2,
  VK_SAMPLER_ADDRESS_MODE_CLAMP_TO_BORDER = 3,
  VK_SAMPLER_ADDRESS_MODE_MIRROR_CLAMP_TO_EDGE = 4,
} VkSamplerAddressMode;
```

在创建采样器(sampler)的时候,会对每个采样器指定环绕模式,如程序清单 8-6 所示。

程序清单 8-6　Vulkan 指定 wrapping 模式

```
VkSamplerCreateInfo sampler = vks::initializers::samplerCreateInfo();
sampler.mipmapMode = VK_SAMPLER_MIPMAP_MODE_LINEAR;
sampler.addressModeU = VK_SAMPLER_ADDRESS_MODE_REPEAT;
sampler.addressModeV = VK_SAMPLER_ADDRESS_MODE_REPEAT;
sampler.addressModeW = VK_SAMPLER_ADDRESS_MODE_REPEAT;
vkCreateSampler(device, &sampler, nullptr, &texture.sampler);
```

GL 通过 glTexParameter * 系列接口来指定 5 种 wrapping 模式:GL_CLAMP_TO_EDGE、GL_CLAMP_TO_BORDER、GL_MIRRORED_REPEAT、GL_REPEAT、GL_

MIRROR_CLAMP_TO_EDGE。默认是 GL_REPEAT。GL 的这些接口和 Vulkan 的接口可以——对应起来。

本书的其他例子,如非特殊说明,使用的都是默认的环绕模式,即重复环绕模式。

参考源代码:

Vulkan/examples/projection_perspective_texture_mapping_addressmode

8.3.2　非全窗口输出

有了前面对 3D 顶点的理解,就可以定义一个顶点和 MVP 系统,让用户的输出不能填充到整个输出窗口。非全窗口顶点的构造很简单,在全窗口顶点的基础上做些偏移和缩放就可以实现。根据需求,可以在窗口的部分区域输出完整的纹理或者部分纹理。

1. 纹理是完全显示的

纹理的 uv 坐标是全尺寸的,纹理是完全参与采样的。整个纹理映射到四个顶点之间的区域。

uv 坐标是(WebGL 和 Vulkan 的坐标在数值上是一样的):

```
0.0, 0.0,
1.0, 0.0,
1.0, 1.0,
0.0, 1.0,
```

参考源代码:

WebGL/texturemapping/projection_perspective_texture_mapping_notfullscreen_fulltexture. html

Vulkan/examples/projection_perspective_texture_mapping_notfullscreen_fulltexture

2. 纹理是部分显示的

纹理的 uv 坐标不是全尺寸的,纹理不完全参与采样。

如果希望纹理下半部分映射到四个顶点之间的区域,则 WebGL 的 uv 坐标为:

```
0.0, 0.0,
1.0, 0.0,
1.0, 0.5,
0.0, 0.5,
```

Vulkan 的 uv 坐标(uv 原点和 WebGL 不同)为:

```
0.0, 1.0,
1.0, 1.0,
1.0, 0.5,
0.0, 0.5,
```

相应地,如果希望上半部分映射到四个顶点之间的区域,则 WebGL 的 uv 坐标为:

```
0.0, 0.0,
1.0, 0.0,
1.0, 0.5,
0.0, 0.5,
```

Vulkan 的 uv 坐标(uv 原点和 WebGL 不同)为:

```
0.0, 0.5,
1.0, 0.5,
1.0, 0.0,
0.0, 0.0,
```

参考源代码:

WebGL/texturemapping/projection_perspective_texture_mapping_notfullscreen_parttexture. html

Vulkan/examples/projection_perspective_texture_mapping_notfullscreen_parttexture

8.3.3 全窗口输出:NDC 顶点坐标 1,uv 小于 1

NDC 顶点坐标是 1,会输出到全窗口。如果 uv 小于 1,纹理会做裁剪。裁剪后的纹理的部分,填充到整个输出窗口。

如果要将纹理的上半部分或者下半部分映射到顶点定义的矩形区域,uv 坐标的定义和非全屏的情况是完全一样的,只不过这次会填充到整个输出窗口。

WebGL 的例子如图 8-8 和图 8-9 所示。WebGL 的 uv 坐标的原点是左下角,u 从左到右,v 从下到上。

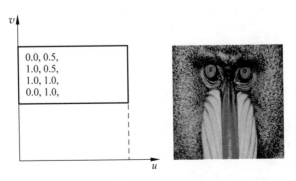

图 8-8　纹理上半部分显示到全屏窗口(WebGL)

Vulkan 的例子如图 8-10 和图 8-11 所示。Vulkan 的 uv 坐标的原点是左上角,u 从左到右,v 从上到下。

参考源代码:

WebGL/texturemapping/projection_perspective_texture_mapping. html

Vulkan/examples/projection_perspective_texture_mapping

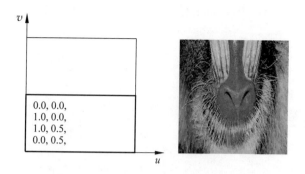

图 8-9　纹理下半部分显示到全屏窗口（WebGL）

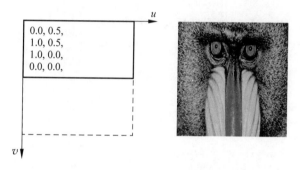

图 8-10　纹理上半部分显示到全屏窗口（Vulkan）

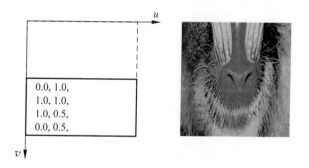

图 8-11　纹理下半部分显示到全屏窗口（Vulkan）

8.3.4　全窗口输出：NDC 顶点坐标 1，uv 大于 1

纹理根据其 uv 坐标的属性，如果 uv 小于 1，会做裁剪。如果大于 1，而且环绕模式是重复的情况，图像会重复。然后，裁剪或者重复后得到的纹理，会作为一个整体，贴图到用户指定的顶点坐标里面去。本节只讨论环绕模式是重复的情况。

如果 uv 是 $(0.0, 0.0)$，$(4.0, 4.0)$，图像会被重复 16 次显示在眼睛坐标指定的空间里，如程序清单 8-7 所示。

程序清单 8-7　　WebGL 的纹理坐标大于 1

```
textureScale = 4.0;
textureCoords = [
 0.0, 0.0,
 1.0 * textureScale, 0.0,
 1.0 * textureScale, 1.0 * textureScale,
 0.0, 1.0 * textureScale,
];
```

甚至,uv 坐标也不要求从 0 开始,还可以是负的。下面程序清单 8-8 的 uv 坐标,其输出的结果和$(0.0,0.0)$,$(4.0,4.0)$是一样的(仅在重复环绕模式下是这样,其他模式会有区别)。

程序清单 8-8　　WebGL 的纹理坐标大于 1 并偏移

```
textureScale = 4.0;
textureTranslate = -3.0;
textureCoords = [
 0.0, 0.0 + textureTranslate,
 1.0 * textureScale, 0.0 + textureTranslate,
 1.0 * textureScale, 1.0 * textureScale + textureTranslate,
 0, 1.0 * textureScale + textureTranslate,
];
```

全窗口输出:uv 大于 1,uv 坐标和运行结果对比(WebGL),如图 8-12 所示。

Vulkan 的结果和 WebGL 的很类似,具体参考图 8-13。唯一要注意的是 Vulkan 和 WebGL 的 uv 坐标原点的差异。

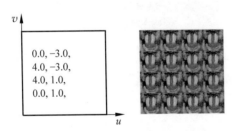

图 8-12　全窗口,uv 大于 1,uv 坐标和
运行结果对比(WebGL)

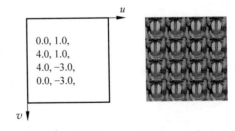

图 8-13　全窗口,uv 大于 1,uv 坐标和
运行结果对比(Vulkan)

参考源代码:

WebGL/texturemapping/projection_perspective_texture_mapping. html

Vulkan/examples/projection_perspective_texture_mapping

8.3.5　非归一化的纹理坐标

归一化纹理坐标的使用很普遍,非归一化纹理坐标使用情况不多,但是有些场景,如

Chromium 的合成器支持非归一化的纹理坐标，以便在着色器里面实现抗锯齿。

在 GL 里面，使用了非归一化坐标的纹理也叫矩形纹理（rectangle texture）[①]，里面是一个 2D 图片，该图片不包含 mipmap（mipmap 会包含一系列大小不同的图片）。当片元着色器对矩形纹理进行采样的时候，需要使用绝对纹理坐标来访问纹理里面的颜色。这和普通的 GL_TEXTURE_2D 不一样，普通的纹理在片元着色器采样的时候使用的是归一化的纹理坐标，如表 8-2 所示。

表 8-2　矩形纹理和普通纹理对比

	SamplerType	TextureLookup	纹 理 坐 标
GL_TEXTURE_2D	sampler2D	texture2D	归一化的纹理坐标
GL_TEXTURE_RECTANGLE_ARB	sampler2DRect/sampler2DRectShadow	texture2DRect[②]	纹理像素值
GL_TEXTURE_EXTERNAL_OES	samplerExternalOES	samplerExternalOES	归一化的纹理坐标

早期，纹理必须是 2 的幂（power of two）。如果不是这个尺寸的纹理，矩形纹理是唯一的选择。所以矩形纹理通常被用在输出的帧缓冲上面。因为输出帧缓冲是屏幕的尺寸大小，往往是不满足 2 的幂的。但是现在的显卡都没有了 2 的幂的限制，所以矩形纹理没那么常用。

对应 Vulkan，非归一化纹理坐标在 VkSamplerCreateInfo::unnormalizedCoordinates[③] 里面指定。

8.4　点原语及其纹理坐标

点原语用于实现粒子系统或者鼠标指针。用户只需要输入一个顶点坐标，系统就可以根据这个点的坐标，生成一个 gl_PointSize 乘以 gl_PointSize 大小的区域。点原语也支持纹理映射，区域里的每一个点，对应一个片元，因而可以在片元着色器里面对纹理进行采样。gl_PointSize 是在顶点着色器里面设置的，不同的硬件实现有不同的大小限制，默认是 1。

下面针对 Vulkan 的场景，来分析 gl_PointSize 区域里面的点如何进行纹理采样（GL 有类似的采样过程）。

假设用户输入的顶点坐标是 (x_f, y_f)。采样的时候，区域里面的每一个点的 DC

---

① GL 使用的矩形纹理，https://www.khronos.org/opengl/wiki/Rectangle_Texture。

② Vulkan 不支持 texture2DRect 类型的采样器。根据 https://forums.khronos.org/showthread.php/13136-Texture2D 里面的讨论：无论哪种坐标系的纹理，着色器里面的写法都是一样的（sampler2D 和 texture2D）。但是如果 VkSamplerCreateInfo::unnormalizedCoordinates 为真，则传入的纹理坐标是没有归一化的。如果传入的为假，则这个坐标是归一化的。

③ 关于 VkSamplerCreateInfo::unnormalizedCoordinates，https://vulkan.lunarg.com/doc/view/1.0.26.0/linux/vkspec.chunked/ch12.html。

(device coordinate,没有归一化的 NDC)坐标(x_p,y_p)和纹理 uv 坐标的关系,如公式 8-4 所示。

$$u = \frac{1}{2} + \frac{x_p - x_f}{\text{gl\_PointSize}}$$

$$v = \frac{1}{2} + \frac{y_p - y_f}{\text{gl\_PointSize}}$$

公式 8-4 点原语生成的点坐标和纹理坐标

这里使用的 DC 坐标,和没有归一化的 NDC 坐标对应。

uv 坐标(0.0,0.0)对应的 DC 坐标:$\left(-\frac{1}{2}\text{size} + x_f, -\frac{1}{2}\text{size} + y_f\right)$

uv 坐标(1.0,1.0)对应的 DC 坐标:$\left(\frac{1}{2}\text{size} + x_f, \frac{1}{2}\text{size} + y_f\right)$

size 是一个用于测试的临时变量,可以用来调整 uv 坐标,默认是 1.0。

从顶点坐标到 uv 坐标的生成都是光栅化流水线自动完成的。用户只需要在 Vulkan 创建流水线的时候,将 VkPipelineInputAssemblyStateCreateInfo 的 topology 设置为 VK_PRIMITIVE_TOPOLOGY_POINT_LIST,同时在顶点着色器里面指定 gl_PointSize。GL 则需要在绘图之前通过 glEnable(GL_POINT_SPRITE)来设置为点原语模式。

参考源代码:

Vulkan/examples/primitive_point_particle

8.5 网格和纹理映射

如果是简单的 3D 模型,如矩形、立方体等,在源代码里面逐个输入顶点的数据是没有问题的。模型复杂以后,譬如涉及上千个顶点的模型,就不方便在代码里面直接输入顶点信息。这个时候需要用 3D 建模工具来创建这些复杂的 3D 场景,然后将 3D 场景加载到内存里面供 3D 程序使用。3D 建模工具创建的 3D 物体是一种网格(mesh),网格可以用来描述非常复杂的物体。

8.5.1 Blender 介绍

Blender[①]是一款开源的跨平台三维建模软件。它能够将用户创建的模型导出为 Collada(.dae),Wavefront(.obj)等格式。Collada 是以 XML 格式存储的,本书的例子主要使用这个格式。要注意的是,开始设计 3D 程序前要根据自己的需求来选择建模工具和文件格式。本书选择开源的 Blender 作为建模工具,选择 Collada 格式来存储模型文件。

---

① blender,https://www.blender.org/。

Blender 使用了和 3D 编程接口不一样的坐标系，如图 8-14 所示。两者的具体映射关系如下：

(1) x 轴和物体坐标系的 x 一致；

(2) y 轴指向物体坐标系的 $-z$ 轴；

(3) z 轴指向物体坐标系的 y 轴。

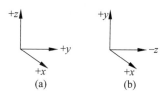

图 8-14　Blender 坐标系和物体坐标系对比

8.5.2　平面纹理映射

例子 Vulkan/examples/projection_perspective_mesh_quad 使用 Blender 创建的 XML 文件 mesh.dae 来提供顶点和 uv 坐标，这些顶点和 uv 坐标描述的是一个方形。开源的 Assimp[1] 被用于加载和解析这个 XML 文件。

XML 通过< triangles >< triangles/>节点描述输入顶点和纹理坐标，以及三角形的顶点顺序：

```
< triangles count = "2">
 < input semantic = "VERTEX" source = "♯Plane－mesh－vertices" offset = "0"/>
 < input semantic = "NORMAL" source = "♯Plane－mesh－normals" offset = "1"/>
 < input semantic = "TEXCOORD" source = "♯Plane－mesh－map－0" offset = "2" set = "0"/>
 < p >1 0 0  2 0 1  0 0 2  1 1 3  3 1 4  2 1 5</p>
</triangles >
```

但是数据通常并不是直接潜入在 triangles 节点里面，而是通过< source ></source > 节点在其他位置提供，譬如顶点的数据，注意其 Y 和 Z 的位置和方向：

```
< source id = "Plane－mesh－positions">
 < float_array id = "Plane－mesh－positions－array" count = "12">－1.0 1.55 －1.0 1.0 1.55
－1.0 －1.0 1.55 1.0 1.0 1.55 1.0</float_array >
 < technique_common >
 < accessor source = "♯Plane－mesh－positions－array" count = "4" stride = "3">
  < param name = "X" type = "float"/>
  < param name = "Y" type = "float"/>
  < param name = "Z" type = "float"/>
 </accessor >
 </technique_common >
</source >
```

在 Blender 的界面里面，这个 Mesh 文件创建的是一个垂直于 $+y$ 方向的矩形，如图 8-15 所示。转换到 Vulkan 的世界坐标系，就是垂直于 $-z$ 轴的矩形。

如果仅仅是将一个矩形纹理贴图到一个矩形的 Mesh 上，Mesh 文件并不比直接在代码里面写入顶点数据方便。下面会讨论更加复杂的例子。

---

[1]　assimp，http://www.assimp.org/。

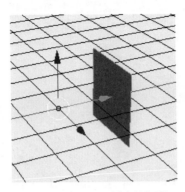

图 8-15   Blender 创建的矩形

8.5.3   球体纹理映射

球体纹理映射将 2D 纹理图片(视频的一帧也是纹理图片)贴图到 3D 球体,贴图过程使用的 2D 纹理图片来自球体投影。有多种球体投影方法可以将球体表面的内容投影成 2D 纹理:等矩形法(equi-rectangular)、六面体法(cube maps)、等弧度六面体法(equi-angular cubemap)等。根据生成纹理的投影方法的不同,将纹理映射到球体时也需要使用不同的纹理映射方法。本节讨论开源项目 egjs-view360 里面的球体纹理映射方法,这个方法将等矩形法生成的纹理映射到球体上,以用于显示 360 视频和全景图片。

在讨论纹理映射之前,先分析球体上点坐标的不同形式。如图 8-16 所示,球心 O 的坐标是(x_o, y_o, z_o)。球体上任意一点 P 的坐标可以表示为(x_p, y_p, z_p),也可以表示为(r, ϕ, θ)。对于一个特定的球体表面而言,其半径 r 是确定的常数,因此可以用(ϕ, θ)来描述球体上的任意一点。如果将(ϕ, θ)当作(u, v),那么球体表面上的任意一点,可以映射到一个 2D 纹理。

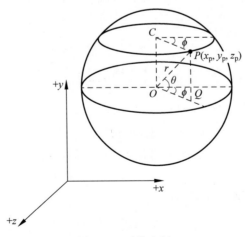

图 8-16   球体坐标

结合图 8-16，$OC /\!/ PQ$，$CP /\!/ OQ$，$OC = PQ = r\sin\theta$，$OQ = CP = r\cos\theta$，因此得到 x_{p}、y_{p}、z_{p} 的表达如公式 8-5 所示。

$$x_{\mathrm{p}} = x_{\mathrm{o}} + r\cos\theta\cos\phi$$
$$y_{\mathrm{p}} = y_{\mathrm{o}} + r\sin\theta$$
$$z_{\mathrm{p}} = z_{\mathrm{o}} + r\cos\theta\sin\phi$$

公式 8-5　球体表面点坐标

针对 360 视频，球心和用户的眼睛都位于坐标原点，所以公式 8-5 退化成了公式 8-6。

$$x_{\mathrm{p}} = r\cos\theta\cos\phi$$
$$y_{\mathrm{p}} = r\sin\theta$$
$$z_{\mathrm{p}} = r\cos\theta\sin\phi$$

公式 8-6　球体表面点坐标（球心位于坐标原点）

一般不直接将坐标 ϕ、θ 当作 u、v 来使用。譬如本节讨论的纹理 u、v 坐标是归一化的（纹理坐标还可以选择以纹理的尺寸为单位）。而 ϕ、θ 分别位于特定的范围：$\phi \in [\phi_0, 2\pi + \phi_0]$，$\theta \in \left[-\dfrac{\pi}{2}, \dfrac{\pi}{2}\right]$。这要求通过线性变换，将 ϕ、θ 分别映射到单位坐标 u、v。本节的例子，$u \in [0,1]$，$v \in [0,1]$，得到用 ϕ、θ 表达的 u、v 如公式 8-7 所示。

$$u = \frac{1}{2\pi} \cdot \phi - \frac{1}{2\pi} \cdot \phi_0$$
$$v = \frac{1}{\pi} \cdot \theta + 0.5$$

公式 8-7　u、v 表达式

得到用 u、v 表达的 ϕ、θ 如公式 8-8 所示。

$$\theta = (v - 0.5) \cdot \pi$$
$$\phi = u \cdot 2\pi + \phi_0$$

公式 8-8　ϕ、θ 表达式

对于本节分析的 360 视频而言，$\phi_0 = -1.5\pi$（ϕ_0 的取值取决于将视频或者图片哪个侧面的内容初始呈现出来）。

$$\phi = u \cdot 2\pi - 1.5\pi$$

下面结合源码来分析球体纹理映射，主要分为以下两步。

1. 插值生成 uv 纹理坐标，$\phi\theta$ 坐标

前面章节介绍平面纹理映射的时候，网格上的顶点及其 uv 坐标是通过 Blender 工具生成的。网格的顶点和 uv 坐标也可以通过代码插值生成。程序清单 8-9 通过对位于 $[0,1]$ 的 uv 坐标插值，生成了 60×60 一共 3600 个点坐标。

程序清单 8-9　uv 坐标的生成

```
for (latIdx = 0; latIdx <= latitudeBands; latIdx++) {
  const v = latIdx / latitudeBands;
```

```
const theta = (v - 0.5) * Math.PI;
const sinTheta = Math.sin(theta);
const cosTheta = Math.cos(theta);
for (lngIdx = 0; lngIdx <= longitudeBands; lngIdx++) {
  const u = lngIdx / longitudeBands;
  const phi = u * 2 * Math.PI - 1.5 * Math.PI;
}
```

2. 计算顶点坐标

程序清单 8-10   顶点坐标计算

```
const x = cosPhi * cosTheta;
const y = sinTheta;
const z = sinPhi * cosTheta;
```

本节讨论的球体纹理映射针对的是 https://github.com/math3d/egjs-view360/blob/sphere_mapping/src/PanoImageRenderer/renderer/SphereRenderer.js。

参考源代码的下载：

$ git clone https://github.com/math3d/egjs-view360.git

$ git checkout -b sphere_mapping remotes/origin/sphere_mapping

参考源代码的编译和运行：

$ npm install

$ npm run build

$ npm start

npm start 结束后，在浏览器窗口打开网页 http://127.0.0.1:8080/demo/examples/panoviewer/projection-type/equirectangular_video.html。

小　　结

本章介绍了纹理坐标的生成方法，重点介绍了重心坐标法的原理和应用。重心坐标法适合应用于将相对规则的纹理（譬如矩形）映射到相对规则的物体（譬如矩形、立方体等）。实际上，根据不同的应用场景，纹理映射可能做到更复杂，如球体纹理映射，以及应用于虚拟现实的镜头畸变消除，这些都需要根据具体的场景来设计纹理坐标的生成方式。

第 9 章　VR 枕形畸变

　　为了给用户提供更大的 FOV，VR(virtual reality)头盔在眼睛和显示器之间增加了一个凸透镜。在没有透镜的情况，显示器输出的是矩形的图像。增加凸透镜后，矩形图像经过凸透镜会发生枕形畸变(pincushion distortion)。枕形畸变的主要特点是，画面向中间收缩，当场景中有直线的时候，枕形失真最明显，而且越靠近场景边缘的直线越明显，如图 9-1 所示。

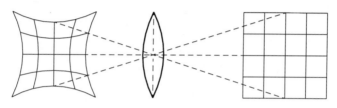

图 9-1　枕形畸变

　　虽然图像向中间收缩，但是缩放不是产生畸变的原因。小孔成像的像和物体也会发生缩放，但是没有畸变。产生畸变的本质原因是：物体的同一个深度不同位置(如果物体仅仅是一个垂直于光轴的矩形，则该矩形上的所有点的深度是一样的)，生成的图像的缩放比例不一致。如枕形畸变，是中间区域的缩放偏小。从这个角度上来说，只要找到了物体和像在不同位置的缩放关系，就可以用这个关系来校正图像的畸变。

　　解决的办法是，对原始图像先做一个桶形畸变(中间部分先拉宽)，这样可以抵消枕形畸变，如图 9-2 所示。

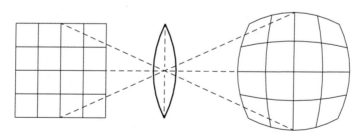

图 9-2　桶形畸变

　　消除枕形畸变(即实现桶形畸变)，往往涉及复杂的高阶方程或者查找表。Zhang 和 Fitzgibbon[①] 对这个过程做了一些优化。本章会先介绍凸透镜畸变形成的光学原理，然后

---

　　① Zhang Z. Flexible camera calibration by viewing a plane from unknown orientation，1999。Andrew W. Fitzgibbon. Simultaneous linear estimation of multiple view geometry and lens distortion，2001。

抽象出一个近似的数学模型,以及基于这个数学模型的桶型畸变的 Vulkan 实现。作为对比,本章还用 Vulkan 实现了 Zhang 和 Fitzgibbon 的优化的数学模型。

从 GPU 的角度看,VR 畸变的消除主要有两种方法:基于模型的方法,通过顶点着色器实现;基于纹理映射的方法,这个是通过片元着色器实现的。

9.1 理想薄凸透镜的放大率

本节回顾初中物理的光学基础知识:折射规律,以及薄凸透镜的放大率。

1. 折射规律

当光线从一个介质进入另一个介质的时候,会发生折射。折射定理用公式表示如公式 9-1 所示。

$$\frac{n}{n'} = \frac{\sin I'}{\sin I}$$

公式 9-1　折射规律

使用范围:无论什么形式的透镜,都遵守光的折射规律。

2. 薄凸透镜的放大率

如图 9-3 所示的薄凸透镜成像模型,物距 u,相距 v,焦距 f。如果以凸透镜两侧的焦点为原点,x 代表了物平面到物侧焦点的距离,x' 代表了像平面到像侧焦点的距离,其成像规律如公式 9-2 所示。

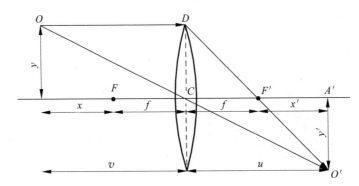

图 9-3　薄凸透镜成像

$$\frac{1}{u} + \frac{1}{v} = \frac{1}{f}$$

公式 9-2　薄凸透镜的成像公式

根据这个公式,以及图 9-3 中的各个距离之间的关系 $u = x + f$,$v = x' + f$,得到 $f^2 = xx'$。考虑到 $\triangle CDF \sim \triangle A'O'F'$,得到薄凸透镜放大率如公式 9-3 所示。

$$m = \frac{y'}{y} = \frac{x'}{f} = \frac{f}{x}$$

公式 9-3　薄凸透镜的放大率

初中物理考虑的是理想情况。所谓理想情况是指：凸透镜很薄,凸透镜两侧都是同一种介质(空气或者真空,像侧焦距等于物侧焦距),从物体出发的光线和光轴之间的夹角很小(近轴近似)。光学的很多结论都是有使用前提的,理解一个结论的使用前提非常重要。

9.2　厚凸透镜的畸变

厚凸透镜虽然无法直接使用薄凸透镜的结论,但是在某些特殊条件下,譬如从物体出发的光线和光轴夹角很小的时候,还是可以用公式 9-4 来近似(注意:薄凸透镜没有取极限)。

$$m = \lim_{y \to 0} \frac{y'}{y} = \frac{x'}{f} = \frac{f}{x}$$

公式 9-4　厚凸透镜的近轴近似

同一个点经过凸透镜的光线,大部分成的像是有畸变的。但是有三条特殊光线,它们的成像是没有畸变的：平行于光轴的光线,从焦点出发的光线,在凸透镜里面经过光心的光线。对于这三条光线而言,它们的像点和物点放大率如公式 9-5 所示。

$$m = \frac{y'}{y} = \frac{x'}{f} = \frac{f}{x}$$

公式 9-5　三条理想光线的放大率

所以对于这三条光线,其理想成像的像的大小是 $m \cdot y$,y 是物体的大小。

9.2.1　厚凸透镜的基点和焦距公式

厚凸透镜的基点是指共轭的焦点(focal point)、主点(principle point)、焦距节点(nodal point)。

1. 焦点

这个定义和在薄凸透镜中的定义是一样的。从焦点出发的光线,经凸透镜折射后,其出射光线和光轴平行。反过来,平行光线经过凸透镜折射后,汇聚于焦点。和理想情况不同的是,厚凸透镜的两个焦点不一定是关于光心对称的。

2. 主点

从凸透镜焦点出发的光线,经过凸透镜的时候会发生两次折射。第二次折射的光线平行于光轴。第一次折射的入射光线和第二次折射的出射光线延长线相交于一点 P',所

有 P' 的连线形成一个平面(在某些情况下可能不是平面,但是本节仅讨论平面的情况),这个平面就叫前主平面(front principle plane)。前主平面和光轴的焦点,叫前主点(front principle point)。相应地,如果从左侧出发的是平行光线,则可以得到后主平面(back principle plane)。后主平面和光轴的焦点,叫后主点(back principle point)。

3. 焦距

前焦距(front focal length),是焦点到前侧光学表面顶点(V)的距离,相应地有后焦距(back focal length)。厚凸透镜的前后主点,前后焦距如图 9-4 所示。有效焦距(effective focal length)是由前主平面(或后主平面)到对应的焦点的距离。当凸透镜两侧是同一种介质的时候,两侧的有效焦距相等。用有效焦距表示的物像公式(高斯公式)如公式 9-6 所示。

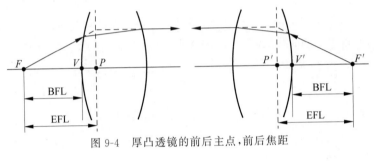

图 9-4　厚凸透镜的前后主点,前后焦距

$$\frac{f}{u} + \frac{f'}{v} = 1$$

公式 9-6　物像公式

如图 9-5 所示,从物点 B 出发,作两条光线:一条平行于光轴,其出射光线经过像侧焦点 F';另一条光线通过物侧焦点 F,其出射光线平行于光轴。这两条出射光线相交于像点 B'。由于厚凸透镜的这两条光线成的像汇聚于一点,也就是能够完美地成像,所以这两条光线在后面计算凸透镜的畸变的时候,会被当作理想像点。理想像点的像和畸变的像进行比较就得到了畸变。

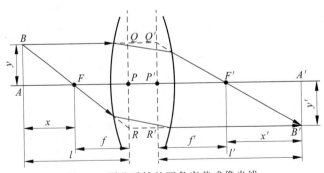

图 9-5　厚凸透镜的两条完美成像光线

根据如图 9-5 所示的三角形和平行关系:

$$PR = P'R' = y'$$

$$PQ = P'Q' = y$$

$\triangle ABF \sim \triangle PRF$ 得到：

$$\frac{y'}{y} = \frac{PR}{y} = \frac{f}{x}$$

$\triangle A'B'F' \sim \triangle P'Q'F'$ 得到：

$$\frac{y'}{y} = \frac{y'}{P'Q'} = \frac{x'}{f'}$$

综合两者得到，凸透镜的放大率是：

$$\frac{x'}{f'} = \frac{f}{x}$$

这个公式还有另一个形式，考虑到 $x = l - f$，$x' = l' - f'$，那么这个公式还可以表示为：

$$\frac{f'}{l'} + \frac{f}{l} = 1$$

如果凸透镜两侧都是同一种介质 $f = f'$，那么：

$$\frac{1}{l'} + \frac{1}{l} = \frac{1}{f}$$

4. 节点

在薄凸透镜里面，通过光心的光线，其出射光和入射光在一条直线上。考虑厚凸透镜的情况，出射光和入射光依然是平行的，但是不在一条直线上，两者之间有偏移。厚凸透镜的节点就是根据通过光心的光线来定义的：假设一根光线，经过折射后，通过光心，其出射光线将会和入射光线平行。入射光线的延长线和光轴的交点，叫前节点。出射光线的反向延长线和光轴的交点，叫后节点。如图 9-6 所示，前后节点分别是 N、N'。ON 平行于 $O'N'$，$\angle u = \angle u'$。

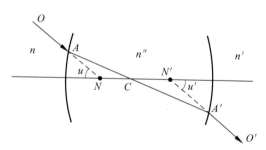

图 9-6　厚凸透镜的节点

根据 Magill[1] 的论文，这条通过节点的光线，成像点没有畸变。

特别地，如果 $n = n'$，也就是凸透镜的两侧是同一种介质（譬如都是空气或者真空）的情况，前后节点分别和凸透镜的前后主点重合[2]。本章讨论的 VR 凸透镜，其实就是这个

[1]　Arthur A Magill. Variation in Distortion with Magnification. 1955.

[2]　主点和节点重合，http://www.physics.purdue.edu/~jones105/phys42200_Spring2016/notes/Phys42200_Lecture29.pdf。

情况。因此本章后续章节不区分节点和主点。

9.2.2 厚凸透镜的畸变

凸透镜的畸变有多种形式,本章仅讨论其中的一种:垂直于光轴方向的畸变。

前面谈到了凸透镜两侧都是同一种介质的时候:

(1) 凸透镜的前后节点分别和前后主点重合。

(2) 凸透镜两侧的有效焦距相等。

位于 VR 显示器和用户眼睛之间的凸透镜,两侧都是空气,所以可以令其前后节点和前后主点重合,两侧焦距相等。

同一个点经过凸透镜的光线,大部分成的像是有畸变的。但是在透镜里面经过光心的光线成的像是理想没有畸变的。图像的畸变量等于有畸变的图像大小减去无畸变的图像大小。Magill 使用的无畸变成像光线就是经过光心的光线。Magill 的方法是,作一条延长线通过节点的光线,如图 9-7 所示的光线 ON(这样的光线其折射光线正好通过光心),其出射光线交像面于 O''。注意图中两侧的焦距都是有效焦距,且两者相等。

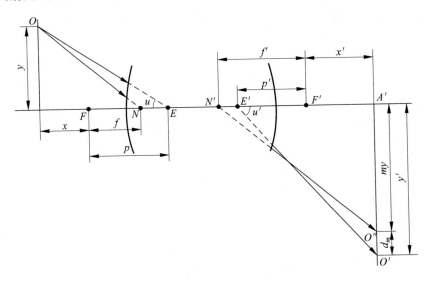

图 9-7　厚凸透镜的畸变

对于折射光线经过光心成的这个无畸变的像点 O'',公式 9-5 三条理想光线的放大率依然适用。如果物体的大小是 y,理想的放大率是 m,那么理想的像大小是 my。同时假设实际的像大小是 y'。此时图像的畸变是:

$$D_m = y' - my$$

结合三角形的性质,有:

$$y = (x + p)\tan u$$
$$y' = (x' + p')\tan u'$$

结合公式 9-5 三条理想光线的放大率,将 x、x',用焦距 f 和理想放大率 m 表示:

$$my = (f + mp)\tan u$$
$$y' = (mf + p')\tan u'$$

因而进一步得到畸变的表达如公式 9-7 所示。

$$D_m = y' - my$$
$$= (mf + p')\tan u' - (f + mp)\tan u$$
$$= (p'\tan u' - f\tan u) - (p\tan u - f\tan u')m$$

公式 9-7　像差畸变的函数

还有一种衡量畸变的方法是,用实际的像的大小除以理想的像的大小,同上容易得到像比例畸变的函数,如公式 9-8 所示。

$$D'_m = \frac{y'}{my} = \frac{(mf + p')\tan u'}{(f + mp)\tan u}$$

公式 9-8　像比例畸变的函数

9.2.3　厚凸透镜放大率的泰勒级数

D_m、D'_m 的表达式很复杂。对于一个固定的物点 O,其焦距 f 和理想放大率 m 都是常数,其他的变量 u'、p、p' 都是跟随 u 或者 y 而变化的。因而对于一个给定的物点,u 或者 y 都可以作为自变量,仅仅会有系数上的区别。可以将这个表达式展开成以 u 或者 y 的泰勒级数:

$$D_m(u) = a_0 + a_1 u + a_2 u^2 + a_3 u^3 + \cdots$$

如果凸透镜是上下左右对称的。考虑两条和光轴夹角相同的光线,生成的图像其畸变的大小其实是一样的。这个时候 u 或者 y 的符号相反,畸变的量是一样的。也就是说,$D_m(u)$ 是关于自变量对称的。对称的两个点的畸变如下:

$$D_m(u) = a_0 + a_1 u + a_2 u^2 + a_3 u^3 + \cdots$$
$$D_m(-u) = a_0 + a_1(-u) + a_2(-u)^2 + a_3(-u)^3 + \cdots$$

对称意味着:

$$D_m(u) = D_m(-u)$$

将 $D_m(u)$,$D_m(-u)$ 相加,得到:

$$D_m(u) = \frac{D_m(u) + D_m(-u)}{2} = a_0 + a_2 u^2 + a_4 u^4 + \cdots$$

同理可得:

$$D'_m(u) = \frac{D_m(u) + D_m(-u)}{2} = a_0 + a_2 u^2 + a_4 u^4 + \cdots$$

当光线无限接近光轴的时候(u 趋近于 0),成的像是没有畸变的。也就是说,$D_m(0) = 0$,代入 $D_m(u)$ 的表达式得到:$a_0 = 0$。

但是对于 $D'_m(u)$ 而言,u 趋近于 0 的时候,分子分母都趋近于 0。这个时候 $a_0 \neq 0$。同样考虑到成像是没有畸变的,即 $D'_m(0) = 1$,代入 $D'_m(u)$ 的表达式得到:$a_0 = 1$。

综合上面的结果,得到畸变的泰勒级数,如公式 9-9 所示。

$$D_m(u) = a_1 u^2 + a_2 u^4 + \cdots, -\frac{\pi}{2} < u < \frac{\pi}{2}$$

$$D'_m(u) = 1 + a_1 u^2 + a_2 u^4 + \cdots, -\frac{\pi}{2} < u < \frac{\pi}{2}$$

公式 9-9   VR 畸变的泰勒级数展开

一般 u 比较小,泰勒级数取前面两阶就可以,本章消除畸变的例子就仅仅使用了两阶,如公式 9-10 所示。

$$D_m(u) = a_1 u^2 + a_2 u^4$$

$$D'_m(u) = 1 + a_1 u^2 + a_2 u^4$$

公式 9-10   VR 畸变的近似

上面的 u 可以是光线的入射角,也可以是物点到物体和光轴交点的距离。

9.3   畸 变 校 正

畸变校正的方法是,如果物体上的某个点,实际的像比理想的像小(这里的大小指的是点到物体中心的距离),那么将该点先变大,变大的点通过透镜后,畸变就减小了。

畸变校正可以用像差畸变的方式,也可以用像比例畸变的方式,这两种方法都可以实现对物体进行桶型畸变。从实现的角度看,可以对 3D 场景做桶型畸变(模型变换的方法),也可以对输出图像做桶型畸变(纹理映射的方法)。

9.3.1   像差畸变校正

假设用物点到物体和光轴的交点的距离来衡量物体的大小,这个大小就是极坐标里面的半径,校正畸变前的物体大小是 r,校正畸变后的大小是 r'。所谓矫正畸变,就是在物体通过透镜成像之前,给物体引入一个和透镜畸变相反的畸变,结合公式 9-10 VR 畸变的近似:

$$r' = r - D_m = r - a_1 \left(\frac{r}{r_{\max}}\right)^2 - a_2 \left(\frac{r}{r_{\max}}\right)^4$$

之所以将 u 替换为 $\dfrac{r}{r_{\max}}$,是因为 r 可能大于 1。前面推导过程中给出的 u 位于 $-\dfrac{\pi}{2} < u < \dfrac{\pi}{2}$,所以这里将 r 归一化了。

真实的镜头畸变曲线非常的复杂,往往涉及高阶矩阵或者查找表,而且每个透镜都有自己的畸变参数,这里仅给出定性分析。具体的定量分析,要结合具体的透镜来计算。

本章示例 Vulkan/examples/vr_lens_distorter 在顶点着色器和片元着色器提供了两个同名函数 DistortImageDiff 来实现像差校正。

先看顶点着色器实现的像差校正。具体实现流程是：先将顶点的 gl_Position 依次转换为 NDC 坐标，极坐标；对极坐标应用像差畸变公式进行校正，然后再将极坐标转换到 gl_Position。

校正前物体的半径 r 是 radius＝length(v)，v 是顶点 NDC 坐标，即 v＝gl_Position.xy/gl_Position.w。半径 r 的最大值来自于用户定义的顶点，示例的顶点坐标来自 Vulkan/data/models/vrgrid.dae，估算出一个接近最大半径就可以，示例中取 1.68。具体如程序清单 9-1 所示。

程序清单 9-1　顶点着色器实现像差畸变校正

```
void DistortImageDiff(inout vec4 p)
{
  // 将 gl_Position 转换为 NDC 坐标. p 就是 gl_Position
  vec2 pNDC = p.xy / p.w;
  // 转换为极坐标.
  float radius = length(v);
  // 半径等于 0,意味着当前点位于(0.0, 0.0),v.x = 0.0.从数学的角度,这会在计算 theta 的时候
  // 引发除 0 错误.从透镜的角度,这个点是没有畸变的,所以不需要处理
  if (radius == 0)
    return;
  float theta = atan(pNDC.y, pNDC.x);
  // 应用畸变方程获得新的半径
  float radiusF = radius/1.68;
  radius = radius - (0.24 * pow(radiusF,4) + 0.22 * pow(radiusF,2));
  // 将新的半径转换为新的 gl_Position
  pNDC.x = radius * cos(theta);
  pNDC.y = radius * sin(theta);
  pNDC.xy = pNDC.xy * p.w;
}
```

运行结果如图 9-8 所示。

图 9-8　顶点着色器实现的像差畸变校正

再看片元着色器的实现的像差校正。具体实现流程是：先将片元的 uv 坐标依次转换为原点位于$(0.0，0.0)$的坐标；根据这个原点位于 0 的坐标求解出相应的极坐标；对极坐标应用像差畸变公式进行校正，然后再将极坐标转换到原点位于$(0.5，0.5)$的 uv 坐标。

程序清单 9-2　片元着色器实现像差畸变校正

```
vec2 DistortImageDiff(vec2 uv) {
  // 极坐标的中心位于(0.0, 0.0),因此转换为极坐标之前,先将 uv 坐标的中心调整到 (0, 0),其
  // 范围是[－1.0, 1.0]
  float x = 2.0 * uv.x － 1.0;
  float y = 2.0 * uv.y － 1.0;
  // 转换为极坐标.注意极坐标半径是 0 的情况
  float radius = length(vec2(x, y));
  if (radius == 0)
   return uv;
  float theta = atan(y, x);
  // 应用像差畸变校正
  radius = radius + (0.24 * pow(radius, 4) + 0.22 * pow(radius, 2));
  // 极坐标转换为 uv 坐标
  x = radius * cos(theta);
  y = radius * sin(theta);
  // uv 坐标的中心位于 (0.5, 0.5),其范围是[0.0, 1.0]
  float u = (x + 1.0) / 2.0;
  float v = (y + 1.0) / 2.0;
  return vec2(u, v);
}
```

片元着色器用于像差畸变校正的结果如图 9-9 所示。

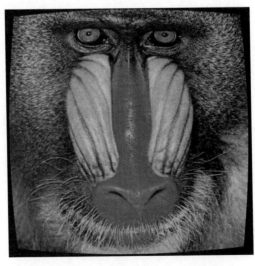

图 9-9　片元着色器实现的像差畸变校正

注意顶点着色器示例产生的背景是白色的,这是因为该示例通过 VkClearColorValue 设置的默认背景是白色,其使用的 uv 坐标都位于[0.0,1.0],所以纹理之外的部分是默认的白色。但是片元着色器例子对 uv 坐标[0.0,1.0]范围外的部分设置了 color＝vec4(0.0,0.0,0.0,1.0),即 uv 坐标位于[0.0,1.0]外面的颜色是黑色,片元着色器例子有一部分 uv 坐标位于[0.0,1.0]外面(可以通过查看使用的网格文件来了解具体的 uv 坐标)的片元的颜色就是黑色,当然也可以将这个颜色设置为白色。

9.3.2　像比例畸变校正

类似于像差畸变校正,结合公式 9-10 VR 畸变的近似:

$$r' = \frac{r}{D'_m} = \frac{r}{1 + a_1 r^2 + a_2 r^4}$$

根据 Fitzgibbon 的论文,像比例畸变校正公式还可以近似为公式 9-11。

$$r' = \frac{r}{D'_m} = \frac{r}{1 + a_1 r^2}$$

公式 9-11　像比例畸变校正的 Fitzgibbon 近似

本章的例子 Vulkan/examples/vr_lens_distorter 在顶点着色器和片元着色器提供了两个同名函数 DistortImageRatio 来实现公式 9-11 像比例校正。

顶点着色器的实现,如程序清单 9-3 所示。

程序清单 9-3　顶点着色器实现像比例畸变校正

```
void DistortImageRatio(inout vec4 p)
{
// gl_Position 转换为 NDC 坐标
p.xy = p.xy / p.w;
// 计算半径
float rr = p.x * p.x + p.y * p.y;
float alphax = 0.15;
float alphay = 0.15;
// 应用像比例畸变校正
p.x = p.x / (1.0 + alphax * rr);
p.y = p.y / (1.0 + alphay * rr);
// NDC 坐标转换为 gl_Position
p.xy = p.xy * p.w;
}
```

片元着色器实现像比例畸变校正,如程序清单 9-4 所示。

程序清单 9-4　片元着色器实现像比例畸变校正

```
vec2 DistortImageRatio(vec2 uv) {
// 将 uv 坐标的中心移到(0.0, 0.0),其范围是[-1.0, 1.0]
float x = 2.0 * uv.x - 1.0;
```

```
float y = 2.0 * uv.y - 1.0;
float alphax = 0.25;
float alphay = 0.25;
// 计算半径
float rr = x * x + y * y;
// 应用近似的像比例畸变校正
float xAntiDistorted = x / (1.0 - alphax * rr);
float yAntiDistorted = y / (1.0 - alphay * rr);
// 校正后的坐标中心是(0.5, 0.5),其范围是[0.0, 1.0]
float u = (xAntiDistorted + 1.0) / 2.0;
float v = (yAntiDistorted + 1.0) / 2.0;
return vec2(u, v);
}
```

运行得到的结果和像差畸变校正类似。

小　　结

本章介绍了 VR 凸透镜畸变的原理,以及应用于消除 VR 凸透镜畸变的纹理映射方法。和重心坐标法不同,重心坐标法是 GPU 内部流水线自动实现的。而 VR 凸透镜畸变的消除,则需要在着色器里面,根据凸透镜的光学物理属性来实现。

第 10 章　一种特殊的全窗口显示的方法

本章讨论一些特殊的全窗口显示内容的方法，主要针对 Vulkan。适用的 Vulkan 坐标系为：右手 NDC，z 坐标属于 $[0.0, 1.0]$。

全窗口显示是一种比较常见的需求[①]。前面谈到，如果一个矩形的眼睛坐标，投影得到的 NDC 坐标正好是 $(-1.0, -1.0)$、$(1.0, -1.0)$、$(1.0, 1.0)$、$(-1.0, 1.0)$，则该矩形可以填充到整个窗口。基于这个结论，本章将推导出两种特殊的实现全窗口显示的方法：三个顶点实现全窗口显示，0 顶点实现全窗口显示。

10.1　三个顶点实现全窗口显示

全窗口输出的本质是，生成的有效的 NDC 坐标对应到 NDC 坐标系的四个顶点。也就是说，用户可以输入任意形状，只要经过流水线的裁剪后，和 NDC 坐标系四个顶点对应的用户顶点没有被裁剪掉。如果仅提供三个顶点，只要能够合理地设计顶点坐标和纹理坐标，就可以实现全窗口输出。一种参考的实现如图 10-1 所示。

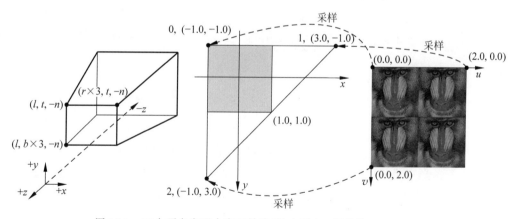

图 10-1　三个顶点实现全窗口输出（从左到右：视景体、NDC、uv）

中间的 NDC 坐标，两条互相垂直的边的长度都是 4，相应的纹理坐标大小是 2.0×2.0。表 10-1 表示了顶点坐标、NDC 坐标、纹理坐标的映射关系。

---

①　关于全屏显示的讨论，https://computergraphics.stackexchange.com/questions/7486/full-screen-quad-texture-coordinates-mapping。

表 10-1 三个顶点的映射关系

顶点索引	顶点坐标		NDC 坐标(gl_Position)		纹理坐标	
	x	y	x	y	u	v
0	l	t	-1.0	-1.0	0.0	0.0
1	$r \times 3$	t	3.0	-1.0	2.0	0.0
2	l	$b \times 3$	-1.0	3.0	0.0	2.0

根据重心坐标的插值公式,可以得到 NDC 顶点(-1.0,-1.0)对应纹理(0.0,0.0),NDC 顶点(1.0,1.0)对应纹理(1.0,1.0)。这两个 NDC 顶点形成的矩形区域之外的内容会被裁剪掉。同样,纹理顶点(0.0,0.0)、(1.0,1.0)定义的矩形区域之外的内容,也会被裁剪掉。所以最后输出的是同一张图片填充满整个窗口。

顶点的定义如程序清单 10-1 所示,* AtAnyZ 对应的就是使得 NDC 为单位坐标的顶点坐标。

程序清单 10-1 定义三个顶点

```
std::vector<Vertex> vertices = {
  {{leftAtAnyZ, topAtAnyZ, zEye}, {0.0f, 0.0f}, },
  {{rightAtAnyZ * 3, topAtAnyZ, zEye}, {2.0f, 0.0f}, },
  {{leftAtAnyZ, bottomAtAnyZ * 3, zEye}, {0.0f, 2.0f}, },
};
// 仅输入三个顶点
std::vector<uint32_t> indices = {0, 1, 2};
```

顶点着色器和纹理着色器参考源代码:

Vulkan/examples/projection_perspective_specialfullscreen_texture

10.2 0 顶点实现全窗口显示

本节讨论直接在顶点着色器里面生成 NDC 顶点,输出到全窗口的方法。由于是直接在顶点着色器里生成的,就不再需要考虑透视投影。根据前面讨论的三个顶点输出到全窗口的方法,只要在顶点着色器中能够生成图 10-2 左侧 NDC 坐标的三个顶点就可以。

也就是说,顶点着色器要运行三次,生成三个顶点,同时在处理顶点 0、1、2 的时候,依次生成顶点坐标(-1.0,-1.0)、(3.0,-1.0)、(-1.0,3.0)。

vkCmdDraw(drawCmdBuffers[i],3,1,0,0)可以生成三个顶点。顶点着色器的内部变量 gl_VertexIndex 能够获取当前处理的是哪个顶点。根据 KHR_vulkan_glsl 的定义,gl_VertexIndex 是以三个点为一组的:

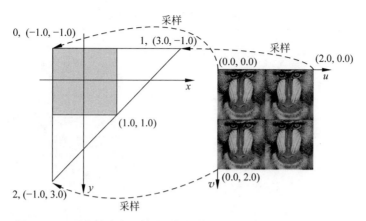

图 10-2　0 顶点的全窗口输出（从左到右：NDC 坐标系，uv 坐标系）

```
gl_VertexIndex          base, base + 1, base + 2, …
```

对于 vkCmdDraw 生成的从顶点 0 开始的三角形而言，gl_VertexIndex 是 0、1、2。有了这个信息，就可通过简单的变换得到 gl_Position（w 分量是 1，gl_Position 等于 NDC 坐标）和 uv 坐标，如程序清单 10-2 所示。

程序清单 10-2　gl_VertexIndex 生成 NDC 坐标和 uv 坐标

```
outUV = vec2((gl_VertexIndex << 1) & 2, gl_VertexIndex & 2);
gl_Position = vec4(outUV * 2.0f – 1.0f, 0.0f, 1.0f);
```

根据程序清单 10-2，反推顶点坐标和纹理 uv 坐标的关系如表 10-2 所示。

表 10-2　0 顶点的顶点索引、NDC 坐标、纹理坐标映射关系

顶点索引	顶点生成 outUV		NDC 坐标（gl_Position）		纹 理 坐 标	
	u	v	x	y	u	v
0	0	0	−1.0	−1.0	0.0	0.0
1	2	0	3.0	−1.0	2.0	0.0
2	0	2	−1.0	3.0	0.0	2.0

考虑一种特殊的情况，对生成的 gl_Position 除以 3.0：

```
gl_Position.x = gl_Position.x/3.0f;
gl_Position.y = gl_Position.y/3.0f;
```

这样就得到了如图 10-3 所示的 NDC 坐标（左）和纹理（右）关系，具体点之间的映射关系如表 10-3 所示。

参考源代码：

Vulkan/examples/projection_perspective_specialfullscreen_texture_novertex

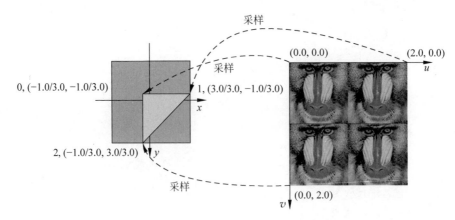

图 10-3 0 顶点时 NDC 输出一个位于四个顶点内部的小三角形

表 10-3 0 顶点的映射关系,输出一个小三角形

顶点索引	顶点生成 outUV		NDC 坐标(gl_Position)		纹 理 坐 标	
	u	v	x	y	u	v
0	0.0	0.0	$-1.0/3.0$	$1.0/3.0$	0.0	1.0
1	2.0	0.0	$3.0/3.0$	$1.0/3.0$	2.0	1.0
2	0.0	2.0	$-1.0/3.0$	$-3.0/3.0$	0.0	-1.0

小 结

本章介绍了如何用三个顶点实现全窗口输出和 0 顶点实现全窗口输出。虽然两者传递的顶点有区别,但是本质上都是利用透视投影 NDC 坐标的特点以及流水线的裁剪功能来实现全窗口输出。后续介绍的光线追踪,其渲染过程使用的就是 0 顶点实现全窗口输出。

第11章 光线追踪

图形学里的两个基本概念——透视投影(光栅化)和光线追踪(ray tracing),都能在现实生活中找到类似的例子:透视投影和小孔成像的原理一样,光线追踪则和手电筒照射物体类似。

和光栅化比较,光线追踪能够跟踪物体和环境的光线,准确进行光线的反射和折射,这比光栅化更接近实际的光线行为,因而可以创建更加真实的效果。

本章讨论计算着色器模拟的光线追踪过程。虽然是模拟,但是由于计算着色器的结果能够通过普通的光栅化过程输出到屏幕上,所以本章介绍的概念都可以用 GPU 模拟运行。

11.1 正向追踪和逆向追踪

本节主要讨论光线追踪的两种方式:正向追踪和逆向追踪。

考虑如图 11-1 所示的漫反射过程,从光源出发的一条光线,经过球面漫反射产生的光线是朝向任意方向的,但是无论朝向哪个方向,总会有一条光线进入观察者的眼睛。这种从光源出发,追踪光线传播的方法叫作正向追踪。

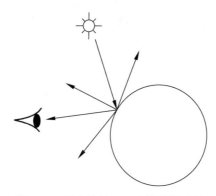

图 11-1 正向追踪——光线的漫反射

逆向追踪则是沿着光线传播的反方向进行的。反方向的确定方法如图 11-2 所示,将眼睛用一个四棱锥来表示,四棱锥底面所在的四边形是一个特定宽高的屏幕。光线的反方向就是以四棱锥顶点为起点,经过四棱锥底面任一点的射线。

本章的阴影计算部分用到了正向追踪,3D 物体的渲染使用的是逆向追踪。除非特别说明,本章的光线追踪指的就是逆向追踪。

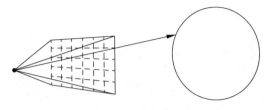

图 11-2　逆向追踪

11.2　光线追踪过程

光线追踪的过程是:从眼睛或者摄像头出发,绘制一条和眼睛或者摄像头朝向一致的射线。注意,这条射线和真实光线的方向是相反的,所以我们叫它射线而不是光线,以避免和真实的光线混淆。如果射线和物体相交,则计算出相交点的颜色,以及相交点的反射、折射光线。具体来说,如果不考虑反射和折射,则可以分为以下三步。

(1) 设计一套从眼睛出发的射线系统。

(2) 计算出射线和物体的交点。

(3) 用光照模型计算出交点的颜色。

和分析透视投影的方法一样,本章分析光线追踪的时候,也会做些假设,这样可以专注在问题本身。

(1) 整个 3D 空间只有一个物体。本章会介绍平面、三角形、球体等的光线追踪。

(2) 不考虑物体之间的反射和物体本身的折射。实际应用里面反射和折射很普遍。不过从本章的结论很容易推广到反射和折射的情况。

(3) 和计算透视投影的方法一样,也不使用模型变换。实际应用中,模型变换会带来方便。

nVIDIA 的实时光线追踪[①]流程如图 11-3 所示。

这个过程可以概括为:将生成的射线和用户创建的 3D 场景进行相交性检测。根据检测结果是否相交,执行不同的着色器。nVIDIA 定义了五种着色器来完成这个过程。

(1) 射线生成着色器(ray generation shader):利用 GPU 的并行计算能力生成多条射线。生成的射线是 2D 网格状的。每一个网格,可以利用 GPU 的一个独立线程来完成。这个行为和计算着色器很类似。

(2) 相交着色器(intersection shader):由于用户输入的 3D 物体千差万别,当用户要追踪一些系统默认不支持的 3D 物体的时候,就需要自行实现射线和物体的相交。系统默认有射线和三角形的相交的支持,所以追踪三角形的时候无须提供相交着色器。

---

① nVIDIA 的光线追踪,https://devblogs.nvidia.com/vulkan-raytracing/。nVIDIA 在 Vulkan 支持光线追踪,http://on-demand.gputechconf.com/gtc/2018/presentation/s8521-advanced-graphics-extensions-for-vulkan.pdf,相应的视频 http://on-demand.gputechconf.com/gtc/2018/video/S8521/。

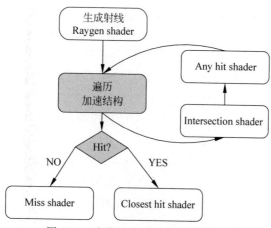

图 11-3　光线追踪的过程（nVIDIA）

（3）命中着色器（hit shader）：当相交着色器判断射线和物体相交之后，就会触发命中着色器。命中着色器的主要用途是：给相交点着色；如果必要的话（如透明物体），还可能会产生新的射线。有两种命中着色器：任意命中（any hit）着色器，射线和路径上的任何物体相交都会触发该着色器；最近命中（closest hit）着色器，仅在找到了距离射线起点最近的交点的时候触发。

（4）未命中着色器（miss shader）：当相交着色器判断射线和物体没有相交之后，就会触发未命中着色器。

当前实时光线追踪的技术并不完善，支持 Vulkan 实时光线追踪的硬件也并没有普及。Vulkan 最新的规范虽然有专门的光线追踪的章节①，却是以 Vulkan 扩展的形式存在的。所以本章讨论的光线追踪并不是在 nVIDIA 的实时追踪硬件上实现的，而是用相对普及的计算着色器来模拟光线追踪的一些基本行为，使用的 3D 场景也比较简单。相对于 nVIDIA 的实时光线追踪流程，本章的例子做了些简化：没有使用加速结构，也没有实现任意命中着色器。简化的流程如图 11-4 所示。

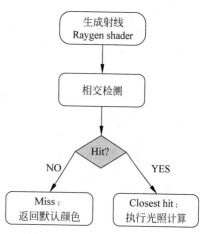

图 11-4　简化的光线追踪流程

11.3　射　线　生　成

本节讨论从眼睛出发的射线是怎么确定的。在 3D 空间，从一点出发的射线有无穷多，即使考虑到将光线离散化，数量也是巨大的。一个优化的办法是，从眼睛出发的射线

---

① 　Vulkan 规范里面关于光线追踪的介绍，https://www.khronos.org/registry/vulkan/specs/1.1-extensions/html/chap33.html♯raytracing。

能够覆盖住场景里面所有的物体就可以了。这个时候,如果物体是一个圆(圆垂直于射线的中心)或者球,那么所有射线的组合应该形成类似手电筒的圆锥,投影面就是一个圆。如果物体是矩形(如果是立方体,情形更复杂一些),且该矩形和射线的中心垂直,那么所有的射线可以组成一个四棱锥,四棱锥的底部,也就是投影面,是一个矩形。如果有多个物体要显示,则要确保光锥出发的射线能够覆盖所有的物体。

　　如果输出的显示器是矩形的(目前大多数的情况都是这样),四棱锥形状比较适合,本章也仅考虑四棱锥的情况,如图 11-5 所示。

　　光锥定义了所有从用户眼睛出发的射线的范围和方向。光锥的底面,也就是成像面,是四个顶点组成的矩形。射线生成的方法是:插值生成四个顶点之间的每一个点,生成的射线就是眼睛到插值点之间的向量,如图 11-6 所示。

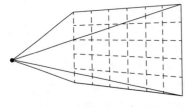

图 11-5　光线追踪的光锥

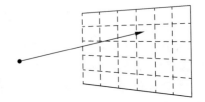

图 11-6　插值生成射线

　　假设眼睛就在世界坐标的原点。3D 场景是用户输入的物体顶点的坐标法线等信息。下面来计算眼睛出发的射线。这些射线的特点是:所有的射线,形成一个四棱锥,四棱锥的底面是一个矩形。要确定一条射线,有两个点就可以了:一个点是眼睛,另一个点是四棱锥底面上的任意一点。下面来讨论怎么模拟出四棱锥底面上的任意一点的坐标。

　　要在光栅化的流水线模拟四棱锥的底面,可以将用户输入的四个顶点的 uv 坐标,插值输出四边形内任一个点的 uv 坐标(其实是通过三角形来实现的)。计算着色器(compute shader)没有类似 uv 坐标的概念,但是可以使用 vec2(gl_GlobalInvocationID.xy)/dim 来模拟四棱锥的底面和 uv 坐标:

```
ivec2 dim = imageSize(resultImage);
vec2 uv = vec2(gl_GlobalInvocationID.xy) / dim;
```

resultImage 是输出图像,dim 是输出图像的尺寸,gl_GlobalInvocationID.xy 是插值生成的输出图像上每一个点的 x、y 坐标:

```
0≤gl_GlobalInvocationID.x ≤ dim.x
0≤gl_GlobalInvocationID.y ≤ dim.y
```

　　所以这里输出的 uv,就是在[0,1]插值得到的每一个点的 uv 坐标。不过我们更希望插值的输出位于[−1,1],可以用 vec3(−1.0+2.0 * uv)实现[0,1]到[−1,1]的转换。

　　此外,计算着色器也不支持真实的视口变换。所以要对 x 坐标乘以 ubo.aspectRatio,用来模拟真实的视口比例。

用这个类似插值生成的每一个点的 uv 坐标,随机选择一个 z 坐标(z 的大小决定了 FOV 的大小。z 距离眼睛越近,FOV 越大。这里选择了 -1.0),记作点 (u, v, z)。

```
(u, v, z) = vec3((-1.0 + 2.0 * uv) * vec2(ubo.aspectRatio, 1.0), -1.0);
```

从眼睛连一条到点 (u, v, z) 的射线,在程序清单 11-1 的计算着色器里面,这条射线的单位向量用 rayD 表示。

程序清单 11-1　计算着色器模拟生成的光线系统

```
ivec2 dim = imageSize(resultImage);
vec2 uv = vec2(gl_GlobalInvocationID.xy) / dim;
vec3 rayD = normalize(vec3((-1.0 + 2.0 * uv) * vec2(ubo.aspectRatio, 1.0), -8.0));
```

已知了眼睛的坐标、单位化的 rayD,结合输入的球体信息,就可以开始计算射线和 3D 物体的相交关系。

11.4　FOV、像的大小、占屏比

射线是从眼睛出发的无限长的光线。光线追踪的结果是生成宽乘以高大小的图像,图像的尺寸只与宽和高有关。所以光线追踪的问题变成了:如何将射线和球的交点的颜色,一一映射到宽和高指定的图像或者窗口上?考虑更加实际的情况,场景里面更多的物体,怎么映射到一个指定宽和高的图像或者窗口的部分或者全部区域上?

将窗口上的物体最终成像的大小和窗口的比例称为占屏比。占屏比=占宽比×占高比。但是在我们的场景中,占宽比=占高比。所以为了简化分析,我们将占屏比等同于占宽比和占高比。这里还有一个隐含的结论是,窗口大小一样的情况的,占屏比大的,物体的像就越大。光线追踪生成的图像的大小,受射线形成的四棱锥的 FOV 和眼睛-物体距离的影响。

在光栅化的时候,物体投影在视景体的近平面,近平面就是光栅化的成像面。在光线追踪的时候,其实没有所谓的近平面和成像面。最终成像的每一个像素来源于从摄像头出发的射线。如果射线直接或者间接和物体相交,相应的点可能有颜色,否则就没有颜色或者是阴影的颜色。从这个角度,可以将和射线四棱锥的高垂直的每一个截面叫成像面。无论成像面在什么位置,都没有关系,都可以把这个成像面当作 $[-1, -1]$ 到 $[1, 1]$ 的矩形,经过窗口映射后映射到具体的窗口。

像和成像面的绝对大小不重要,因为都是当作归一化的矩形窗口 $[-1, 1]$ 映射到真实窗口的。但是像和成像面的相对大小很有意义,像和成像面的比例,和窗口里面的像和窗口大小的比例是一样的。

现在考虑在输出到同样大小窗口的情况下,FOV 和物体-眼睛的距离对成像的占屏比的影响。

（1）同样的 FOV，物体距离眼睛越近，占屏比越大，如图 11-7 所示。

考虑图 11-7 所示的场景，两个场景的 FOV 一样大，两个球体 C_1、C_2 也一样大，上面场景 C_1 距离原点比下面场景 C_2 远。上面场景的成像面是 AB，物体实际的像大小是 $A'B'$，$A'B' < AB$。下面场景的成像面是 $EF（EF = AB）$，物体实际的像大小是 EF。

$$A'B'/AB < EF/EF$$

因而距离近的 C_2 在同样大小的成像面（AB、EF）上，比距离远的 C_1，最终的占屏比要大。

（2）同样的眼睛-物体距离，FOV 越大，占屏比越小，如图 11-8 所示。

考虑图 11-8 所示的场景，两个球体 C_1、C_2 到眼睛的距离一样大，球体 C_1、C_2 大小也一样。上面场景 FOV 比下面场景小。上面场景的成像面是 AB，物体实际的像大小是 $A'B'$，$A'B' < AB$。下面场景的成像面是 EF，物体实际的像大小是 $E'F'$。在球体到眼睛距离一样的时候，两个物体在成像面上成的像大小 $A'B' = E'F'$。但是两者的成像面 $AB < EF$。因而：

$$A'B'/AB > E'F'/EF$$

FOV 大的 C_2 所在的场景占屏比，比 FOV 小的 C_1 所在的场景要小。

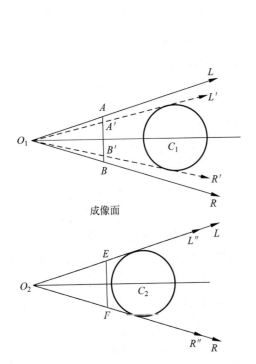

图 11-7　物体距离眼睛越近，占屏比越大

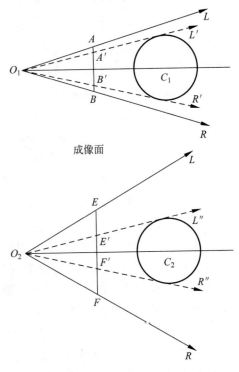

图 11-8　FOV 越大，占屏比越小

FOV、眼睛-物体的距离，两者共同决定最终成像的大小。但是在设计一个场景时，其实是把眼睛和物体的相对位置都固定了。所以本章倾向于使用 FOV 来调整最终成像的大小，这和光栅化的透视投影是一样的。

11.5　光线追踪实现远小近大

光线追踪也可以实现类似透视投影的远大近小的效果。如图 11-9 所示,同一高度的 AB、CD 两个物体,物体 AB 距离摄像头 O 比较近,因此在像面 P 上成的像 $A'B'$ 比远一些的物体 CD 成的像 $C'D'$ 要大。

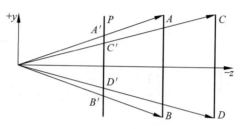

图 11-9　光线追踪的远大近小

11.6　光线追踪平面

在 3D 场景里,平面主要用作场景的背景,如天空、房间的墙壁,以及物体的阴影等。另外,后面计算光线和三角形的相交,也是基于光线和平面相交的。

11.6.1　射线和平面的关系

射线和平面有三种关系:重合、平行、不平行,本章将不区分平行和重合。

如图 11-10 所示,rayD 是归一化的射线方向,rayO(O)是摄像头的位置,为简便处理,可以将摄像头放在世界坐标系的原点。A 是平面上的任意一已知点,平面的法线是 $\boldsymbol{n}$,根据 A 和法线可以求出平面任意一未知点 P 的表达式。由于平面上任意两个点连成的直线和平面的法线垂直,即 AP 和平面的法线的点乘是 0(本章讨论的点的坐标,都是非齐次坐标,非齐次坐标点的坐标和从原点出发到该点的向量,在数值表示上是一样的,譬如 OP 等于 P,OA 等于 A)。在计算着色器里面,得到公式 11-1。

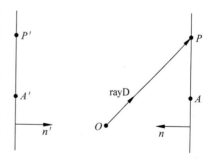

图 11-10　平面和摄像头的关系

$$AP \cdot \boldsymbol{n} = (OP - OA) \cdot \boldsymbol{n} = 0$$

公式 11-1　两点和法线表示平面上的任意一点

下面来分析 $OA \cdot \boldsymbol{n}$ 的几何含义。如图 11-10 所示,摄像头位于平面 AP-$\boldsymbol{n}$ 和平面

$A'P'$-n'之间,朝向 AP。

$|OA \cdot n|$ 为平面 AP 到摄像头距离,是一个正值。射线 OA、OP 和法线 n' 的夹角大于 90°,摄像头朝向平面,此时 $OA \cdot n < 0$,距离为 $-OA \cdot n$。

$|OA' \cdot n|$ 为平面 $A'P'$ 到摄像头距离,也是一个正值。射线 OA、OP 和法线 n' 的夹角小于 90°,摄像头背对平面,此时 $OA' \cdot n' < 0$,距离为 $-OA' \cdot n'$。

无论哪种情况,都有 $OA \cdot n = -\text{distance}$。

综上,可以得到平面上任一点的坐标的另一种表达如公式 11-2 所示。

$$OP \cdot n = -\text{distance}$$

公式 11-2　法线和距离表示平面上的任意一点

如果 O 是原点,在数值上,OP 和 P 是相等的。我们并不用这个公式来求解平面上的一点。这个公式的意义在于,它提供了一种简单的表示平面的方式:用法线和平面到摄像头的距离来表示平面。

本章使用的平面,都是用法线和平面到摄像头的距离来表示的,如程序清单 11-2 所示。

程序清单 11-2　平面的法线和距离表示的结构体

```
struct Plane {
// 平面法线
glm::vec3 normal;
// 平面到摄像头的距离
float distance;
glm::vec3 diffuse;
float specular;
uint32_t id;
glm::ivec3 _pad;
};
```

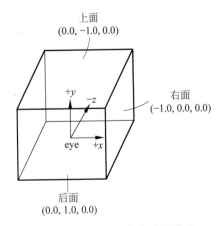

图 11-11　法线距离表示的平面

如图 11-11 所示,显示了用法线和距离表示的上、后(摄像头朝向相反的面叫后面)、右三个平面。

在射线和平面平行或者重合的时候,射线 rayD 和平面的法线垂直,如图 11-12 所示,因而有:

$$\text{rayD} \cdot n = 0$$

公式 11-3　射线和平面平行的条件

不平行的情况,又可以分为以下两种情况。

(1)射线和平面的法线,夹角大于 90°,平面在射线前方,射线和平面相交。

(2)射线和平面的法线,夹角小于 90°,平面在射线后方,射线和平面不相交。

先看两者夹角大于 90°的情况,如图 11-13 所示,射线和平面相交。

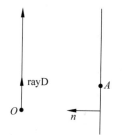

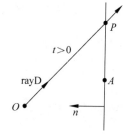

图 11-12　射线和平面平行　　　　　　图 11-13　射线和平面相交

射线上的任意一点 P，可以理解为从点 O 开始，沿着方向 rayD 移动一定距离后到达点 P，因而可以用参数式方程表示为公式 11-4。

$$\text{rayO} + t \cdot \text{rayD} = P$$

公式 11-4　参数式表示的射线上任意一点

这里的 t，就代表了从点 O 到点 P 要沿着 rayD 移动的距离。

综合公式 11-1 和公式 11-4，考虑射线上任意点 P 是射线和平面交点的情况，求得交点 P 对应的 t 的表达式，如公式 11-5 所示。

$$t = \frac{A \cdot \boldsymbol{n} - \text{rayO} \cdot \boldsymbol{n}}{\text{rayD} \cdot \boldsymbol{n}}$$

公式 11-5　射线和平面交点的距离

考虑法线和射线之间的夹角大于 90°的时候 t 值的正负：$A - \text{rayO}$ 和法线 $\boldsymbol{n}$ 的夹角大于 90°，所以 $(A - \text{rayO}) \cdot \boldsymbol{n} < 0$。rayD 和法线的夹角大于 90°，$\text{rayD} \cdot \boldsymbol{n} < 0$。因而法线和射线之间的夹角大于 90°的时候，$t > 0$。从另一个角度来看，$P$ 是 O 沿着 rayD 方向一致的方向移动了 t 个单位得到的。

下面考虑两者夹角小于 90°的情况，射线和平面不相交（图 11-14）。这个时候，O 要沿着 rayD 的反方向移动 $|t|$ 个单位到达 P。这意味着可以用公式 11-4 来表示 P 的位置，但是 $t < 0$。而平面的表达式可以用公式 11-1 表示，所以还是可以用公式 11-5 计算 t。

总结上面提到的三种情况。

射线和平面平行或者重合：$\text{rayD} \cdot \boldsymbol{n} = 0$。

射线和平面不相交：$t < 0$。

射线和平面相交：$t > 0$。

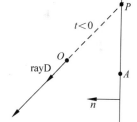

图 11-14　射线和平面不相交

$OA \cdot \boldsymbol{n}$ 的绝对值是眼睛到平面的距离，针对图 11-13 的情况，由于 OA 和平面法线的夹角大于 90°，所以射线到平面的距离是 $-OA \cdot \boldsymbol{n}$。

11.6.2　射线和平面相交的实现

具体的计算着色器的实现如程序清单 11-3 所示。

程序清单 11-3　射线和平面相交

```
// Vulkan/data/shaders/raytracing_plane/raytracing.comp
float planeIntersect(vec3 rayO, vec3 rayD, Plane plane)
{
 // 计算分母部分,分母还可以用来判断射线是否和平面平行
 float d = dot(rayD, plane.normal);
 // 射线和平面平行
 if (d == 0.0)
  return 0.0;
 // 注意 plane.distance = – A·n.t 是沿着射线从 O 移动到 P 需要移动的距离
 float t = – (plane.distance + dot(rayO, plane.normal)) / d;
 // 小于 0 则不相交
 if (t < 0.0)
  return 0.0;
 return t;
}
```

参考源代码:

Vulkan/examples/raytracing_plane

11.6.3　Skybox

Skybox 可以用来作为 3D 场景的背景,如物体的阴影部分,就可以借助 Skybox 来呈现。本节讨论的是如何用平面设计出一个类似房间的 Skybox。

在一间房间里面,有上、下、左、右和前、后六面墙壁,如图 11-15 所示。这个场景可以使用六个相切的平面来定义,如程序清单 11-4 所示。

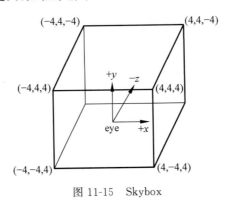

图 11-15　Skybox

程序清单 11-4　定义房间的六个平面

```
// Vulkan/data/shaders/raytracing_skybox/raytracing.comp
// 参数依次是: 平面法线; 平面到观察点的距离; 漫反射系数; 镜面反射系数;
planes.push_back(newPlane(glm::vec3(0.0f, 1.0f, 0.0f), roomDim, glm::vec3(1.0f), 32.0f));
planes.push_back(newPlane(glm::vec3(0.0f, – 1.0f, 0.0f), roomDim, glm::vec3(1.0f), 32.0f));
```

```
planes.push_back(newPlane(glm::vec3(0.0f, 0.0f, 1.0f), roomDim, glm::vec3(0.3f, 0.3f,
  0.3f), 32.0f));
planes.push_back(newPlane(glm::vec3(0.0f, 0.0f, -1.0f), roomDim, glm::vec3(0.3f, 0.3f,
  0.3f), 32.0f));
planes.push_back(newPlane(glm::vec3(-1.0f, 0.0f, 0.0f), roomDim, glm::vec3(1.0f, 0.0f,
  0.0f), 32.0f));
planes.push_back(newPlane(glm::vec3(1.0f, 0.0f, 0.0f), roomDim, glm::vec3(0.0f, 1.0f,
  0.0f), 32.0f));
```

　　摄像头朝向后面的墙面,且和后面的墙壁垂直。如果摄像头想要看到六面墙壁中的五面,该如何设置摄像头的位置? 显然,如果偏左,可能看不见右侧;如果偏上,则底面可能看不见。容易想到的,摄像头应该位于上、下、左、右的居中位置。

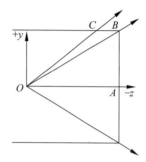

图 11-16　射线看到五个面的情况

　　那么,应该具体位于前、后面之间的哪个位置呢? 移动摄像头的位置,或者调整摄像头的 FOV,都可以影响摄像头看到的内容。

　　考虑在垂直于 x 轴方向做一个剖面,如图 11-16 所示,OB 左侧所有的射线定义的 FOV,都可以看到上、下、左、右和后五个面。OB 右侧的射线则只能看到后面一个面。根据这个要求,只要射线和 z 轴的夹角大于 OB 和 OA 之间的夹角就可以了。

　　在测试的源码中,$OA=4$,$AB=4$,摄像头的 FOV 要大于 $2\times\angle BOA$,即 $90°$ 才能够看到 AB 所在平面之外的面。相应的射线和 z 轴的夹角要大于 $45°$,也就是上下方向的 FOV 要大于 $45°$。生成的射线 x、y 坐标(其实是射线和投影面的交点的坐标)是根据 uv 坐标生成的,其范围是 $[-1,1]$,因而射线的 z 坐标等于 1 时,其生成的射线的 FOV 正好是 $90°$。z 越靠近 O 的位置,FOV 越大。

　　图 11-17 演示了不同的 FOV 看到的房间的不同形状。左侧摄像头位于 $z=-0.97$ 的位置,FOV 略大于 $90°$(具体数值是:$2\times\mathrm{atan}(1/0.97)\times180/3.141\,592\,65\approx91.75°$),如程序清单 11-5 所示。中间则是接近 $180°$($2\times\mathrm{atan}(1/0.03)\times180/3.141\,592\,65\approx176.56°$),如程序清单 11-6 所示。右侧是 $146.60°$($2\times\mathrm{atan}(1/0.3)\times180/3.141\,592\,65\approx146.60°$),如程序清单 11-7 所示。

图 11-17　不同的 FOV 产生不同的输出:略大于 $90°$、接近 $180°$、$146.6°$

程序清单 11-5　FOV 略大于 90°

```
vec3 rayD = normalize(vec3((-1.0 + 2.0 * uv) * vec2(ubo.aspectRatio, 1.0), -0.97));
```

程序清单 11-6　FOV 接近 180°

```
vec3 rayD = normalize(vec3((-1.0 + 2.0 * uv) * vec2(ubo.aspectRatio, 1.0), -0.03));
```

程序清单 11-7　FOV 是 146.60°

```
vec3 rayD = normalize(vec3((-1.0 + 2.0 * uv) * vec2(ubo.aspectRatio, 1.0), -0.3));
```

参考源代码：

Vulkan/examples/raytracing_skybox

11.7　光线追踪三角形

和光栅化一样，三角形可以用来描述光线追踪里面的各种物体形状。光线追踪三角形的时候，先判断射线是否和三角形所在的平面相交；然后判断射线和平面的交点是否位于三角形内部。

11.7.1　射线和三角形的相交

射线和三角形相交，首先要满足射线和三角形所在的平面的相交条件。根据射线和平面相交的条件，可以推导得到射线和三角形相交的条件：

rayD · n ＝0，射线和三角形平行或者重合。

t＜0，射线和三角形不相交。

t＞0，射线和三角形所在的平面相交。但是这并不保证射线和三角形的交点位于三角形的内部。

所以和射线和平面相交的问题对比，射线和三角形相交要额外解决的问题是：如何判断交点在三角形内部。相应地，只要分析 t＞0 的情况。这个时候，射线和三角形的交点在同一个平面内。这意味着这个三维空间的问题可以退化成一个二维空间的问题来解决。一个容易想到的办法是，计算任意一点到三角形的三个顶点的面积之和，与三角形本身的面积比较，如果两者相等，则点在三角形里面，否则在外面。如图 11-18 所示，点 P 在三角形里面，面积之和等于三角形的面积。点 P' 和三个顶点的面积之和大于三角形的面积。

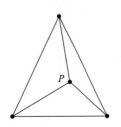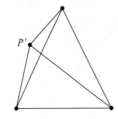

图 11-18　面积计算法判断点和三角形的位置

本章实际使用的是重心坐标法。在纹理映射部分,已经使用过重心坐标。下面分析重心坐标的特点。如图 11-19 所示,每个点由上下两个坐标组成,上面是点的笛卡儿坐标,下面则是点的重心坐标。如果点在三角形内部,点的重心坐标位于[0,1]区间:

$$0 \leqslant w_0 \leqslant 1$$

$$0 \leqslant w_1 \leqslant 1$$

$$0 \leqslant w_2 \leqslant 1$$

相应地,如果重心坐标小于 0 或者大于 1,都可以判断点在三角形外部。

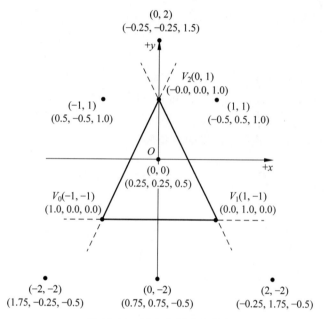

图 11-19　重心坐标及其特点

11.7.2　光线追踪三角形实现

三角形可以用三角形的三个顶点坐标来表示。考虑到要计算射线和面是否相交,可以提供三角形的法线,以及三角形到摄像头的距离(其实这些都可以根据三角形的三个顶点计算出来),示例使用的三角形定义如程序清单 11-8 所示。

程序清单 11-8　CPU 定义的三角形

```
// Vulkan/examples/raytracing_triangle
struct Triangle {
// 着色器使用的是 std140 布局,所以有类似_pad 的填充数据
// 三角形的顶点
glm::vec3 v0;
int v0_pad;
glm::vec3 v1;
```

```
int v1_pad;
glm::vec3 v2;
// 三角形的 id,每个三角形都有一个自己的全局 ID
uint32_t id;
// 三角形的法线
glm::vec3 normal;
// 三角形到摄像头的距离
float distance;
// 漫反射
glm::vec3 diffuse;
// 镜面反射
float specular;
};
```

在计算着色器里面,同样定义了一个三角形,程序运行的时候,会将 CPU 里面指定的数据复制到着色器的相应结构里面。和 CPU 里面的实现不同的是,这里已经不需要填充的数据了,如程序清单 11-9 所示。

程序清单 11-9　计算着色器定义的三角形

```
// Vulkan/data/shaders/raytracing_triangle/raytracing.comp
struct Triangle {
 vec3 v0;
 vec3 v1;
 vec3 v2;
 int id;
 vec3 normal;
 float distance;
 vec3 diffuse;
 float specular;
};
```

描述好了三角形,就可以输入具体的三角形数据,如程序清单 11-10 所示。

程序清单 11-10　输入的三角形数据

```
// Vulkan/examples/raytracing_triangle
// 显示在屏幕居中的绿色大三角形
std::vector<Triangle> triangles;
triangles.push_back(newTriangle(
 glm::vec3(-1.0f, -1.0f, -4.0f),glm::vec3(1.0f, -1.0f, -4.0f),
 glm::vec3(0.0f, 1.0f, -4.0f),glm::vec3(0.0f, 0.0f, 1.0f),
 4.0f, glm::vec3(0.0f, 1.0f, 0.0f), 32.0f));
// 显示在屏幕右上角的红色小三角形
triangles.push_back(newTriangle(
 glm::vec3(1.0f, 1.0f, -4.0f), glm::vec3(0.0f, 1.0f, -4.0f),
 glm::vec3(1.0f, 0.0f, -4.0f), glm::vec3(0.0f, 0.0f, 1.0f),
 4.0f, glm::vec3(1.0f, 0.0f, 0.0f), 32.0f));
```

计算射线和三角形的交点的过程主要是用到了射线和平面的相交,以及三角形重心坐标公式,如程序清单 11-11 所示。

程序清单 11-11　射线和三角形的相交

```
// Vulkan/data/shaders/raytracing_triangle/raytracing.comp
float triangleIntersect(vec3 ray0, vec3 rayD, Triangle triangle) {
 // 计算射线出发点 ray0(摄像头所在的原点)到平面的距离,并用来判断射线和三角形是否平行
 float d = dot(rayD, triangle.normal);
 if (d == 0.0)
  return 0.0;
 // ray0 到三角形的距离
 float t = -(triangle.distance + dot(ray0, triangle.normal)) / d;
 if (t < 0.0)
  return 0.0;
 // pos 是射线和三角形的交点
 vec3 pos = ray0 + t * rayD;
 // 根据重心坐标公式求解 pos 的重心坐标
 float y12 = triangle.v1.y - triangle.v2.y;
 float y02 = triangle.v0.y - triangle.v2.y;
 float yp2 = pos.y - triangle.v2.y;
 float x21 = triangle.v2.x - triangle.v1.x;
 float x02 = triangle.v0.x - triangle.v2.x;
 float xp2 = pos.x - triangle.v2.x;
 float denom = y12 * x02 + x21 * y02;
 float w0 = (y12 * xp2 + x21 * yp2) / denom;
 if (w0 < 0 || w0 > 1)
  return 0.0;
 float w1 = (-y02 * xp2 + x02 * yp2) / denom;
 if (w1 < 0 || w1 > 1)
  return 0.0;
 float w2 = 1 - w0 - w1;
 if (w2 < 0 || w2 > 1)
  return 0.0;
 return t;
}
```

光线追踪三角行的运行结果如图 11-20 所示。

图 11-20　光线追踪三角形运行结果

11.8　光线追踪球

本节将讨论另一种形状的光线追踪：球体的光线追踪。和光栅化里面用到的球体的渲染不同的是，本节讨论的球体并不是用多个三角形组成的，而是用球心和半径描述的。球体的光线追踪球需要确定眼睛的位置和朝向、从眼睛出发的射线，以及 3D 场景等信息。

11.8.1　射线和球的相交

射线和球的相交（图 11-21）[①] 的问题可以描述为：求解射线 D 是否和以 C 为中心的球体相交。如果相交，求出其交点 D_1。

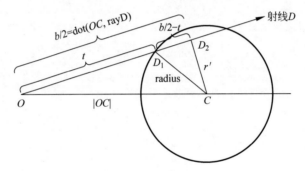

图 11-21　射线和球相交

根据勾股定理：

$$\text{radius}^2 - \left(\frac{b}{2} - t\right)^2 = r'^2 \quad \triangle CD_1D_2$$

$$OC^2 - \left(\frac{b}{2}\right)^2 = r'^2 \qquad \triangle CD_2O$$

得到：

$$\text{radius}^2 - \left(\frac{b}{2} - t\right)^2 = OC^2 - \left(\frac{b}{2}\right)^2$$

$$\left(\frac{b}{2}\right)^2 - (OC^2 - \text{radius}^2) = \left(\frac{b}{2} - t\right)^2$$

在上面的等式里面代入：

$$c = OC^2 - \text{radius}^2$$

得到：

---

① 求解射线和球的交点，https://www.scratchapixel.com/lessons/3d-basic-rendering/minimal-ray-tracer-rendering-simple-shapes/ray-sphere-intersection。

$$\left(\frac{b}{2}\right)^2 - c = \left(\frac{b}{2} - t\right)^2$$

$$\frac{b^2 - 4c}{4} = \left(\frac{b}{2} - t\right)^2$$

这个方程只有在左边大于或等于 0 的时候才有解。也就是说，$b^2 - 4c \geqslant 0$，射线 D 才和球体相交。在球体相交的时候，要继续求解出 t 的值，以得到相交点。

令：

$$h = b^2 - 4c$$

得到：

$$t = \frac{(b - \sqrt{h})}{2.0}$$

相应地，交点 D_1 的坐标是：

$$\text{positionD}_1 = \text{rayO} + t \cdot \boldsymbol{d}$$

其中，向量 $\boldsymbol{d}$ 是一个单位向量，方向和射线 D 一致。实现如程序清单 11-12 所示。

程序清单 11-12　球和射线相交

```
float sphereIntersect( in vec3 rayO, in vec3 rayD, in Sphere sphere)
{
 // 求解|OC|
 vec3 oc = sphere.pos - rayO;
 float b = 2.0 * dot(oc, rayD);
 float c = dot(oc, oc) - sphere.radius * sphere.radius;
 float h = b * b - 4.0 * c;
 if (h < 0.0)
 {
  return - 1.0;
 }
 float t = (b - sqrt(h)) / 2.0;
 return t;
}
```

参考源代码：

Vulkan/examples/raytracing_sphere

11.8.2　光照计算

具体的光照计算，就是 2.7 节光照模型介绍的漫反射和镜面反射的和。

程序清单 11-13　计算总的光照

```
// 漫反射
float lightDiffuse(vec3 normal, vec3 lightDir)
{
 return clamp(dot(normal, lightDir), 0.1, 1.0);
```

```
}
// 镜面反射
float lightSpecular(vec3 normal, vec3 lightDir, float specularFactor)
{
 vec3 viewVec = normalize(ubo.camera.pos);
 vec3 halfVec = normalize(lightDir + viewVec);
 return pow(clamp(dot(normal, halfVec), 0.0, 1.0), specularFactor);
}
normal = sphereNormal(pos, spheres[i]);
float diffuse = lightDiffuse(normal, lightVec);
float specular = lightSpecular(normal, lightVec, spheres[i].specular);
// 漫反射和镜面反射的加权和
color = diffuse * spheres[i].diffuse + specular;
```

11.8.3 光线追踪的 1

如何设计光线,可以让一个半径确定、位置确定的球生成的图像填充到整个输出窗口? 对这个问题的一个简单的类比是,有一个能够发出四棱锥形状光线的手电筒,射向一个球体,如何调整手电筒的 FOV,使得球的影子,正好和手电筒的四条边相切? 当然,调整手电筒和球体的位置也可以做到,但是本章只讨论调整 FOV。

这要求求解出从摄像头出发的所有的射线里面,和球相切的那条光线的方向(图 11-22)。当然,和球相切的光线也有很多条,我们只讨论位于 x 轴 z 轴组成的那个平面上的那条就可以(其他的可以由球的对称性推导出)。在射线的生成部分,已经讨论过射线的 x、y 坐标可以根据 u、v 坐标插值生成。所以下面要求解 z 坐标,用来确定光锥面具体放在哪个位置。

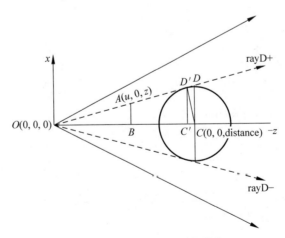

图 11-22 求解和圆相切的射线

考虑下面的场景:摄像头位于 $(0,0,0)$,光锥在 $+x-z$ 平面的剖面用线段 AB 示意,点 A 的坐标表示为 $(u,0,z)$,OA 的延长线和球相切于 D'。球心 C 位于 $-z$ 轴上的圆球，其球心坐标是$(0,0,\text{distance})$，半径是 r。

两个直角三角形 OBA 和三角形 $OD'C$ 相似：

$$\frac{AB}{OB} = \frac{CD'}{OD'} = \frac{CD'}{\sqrt{OC^2 - CD'^2}}$$

代入 A 的坐标$(u,0,z)$：$OB=-z,AB=u,CD'=r,OC=\text{distance}$

$$z = -\frac{u \sqrt{\text{distance}^2 - r^2}}{r}$$

本章的测试代码，光线向量的 x、y 坐标是根据 u、v 坐标生成的，相应的 u、v 坐标位于$[-1,1]$，这样上面的 $u=1$，半径 $r=1$，距离 $\text{distance}=4$，求得 $z=-\sqrt{15}$。对于光线的方向(x,y,z)，通过 uv 坐标插值生成其 x、y 坐标位于$[-1,1]$，z 坐标等于$-\sqrt{15}$ 就可以得到一个全屏输出的球体。

```
ivec2 dim = imageSize(resultImage);
vec2 uv = vec2(gl_GlobalInvocationID.xy) / dim;
vec3 ray0 = ubo.camera.pos;
vec3 rayD = normalize(vec3(( -1.0 + 2.0 * uv) * vec2(ubo.aspectRatio,1.0), - sqrt(15)));
```

公式 11-6　全窗口输出的光线

结果是一个如图 11-23 所示的圆球。

图 11-23　光线追踪球运行结果

11.9　光线追踪的阴影实现

阴影是光线被物体挡住后，光线照不到物体的背光面以及物体后面的地面而形成的。所以形成阴影有三个要素：光线、挡住光线的物体以及地面。由于阴影影响的是物体背光面和地面的着色，因此计算的时候，要分别计算物体背光面和地面的颜色，但是两者的实现原理是一样的，阴影的计算其实是一次正向的光线追踪过程，只不过生成的光线比较特殊。

本章的例子 Vulkan/raytracing_shadow 实现的效果是在 Skybox 里面绘制一个球以及球的阴影，所以要分别计算地面的阴影以及球背光面的阴影。

阴影的计算其实是一次正向的光线追踪过程。只不过光线的生成方式，即确定光线方向的一个点，是逆向追踪过程中计算出来射线和物体的交点确定的。确定光线方向的另一个点就是光源。

先看地面阴影的计算,如图 11-24 所示,眼睛位于点 O,光源位于点 L,球心位于点 C。球和摄像头位于一个 Skybox 里面,AB 是 Skybox 的底部平面,称作地面。眼睛出发的射线 OD 和地面 AB 相交于 D。针对眼睛和地面的每一个交点 D,生成一条从光源 L 到这个交点 D 的光线 LD。计算出光线 LD 和球体的交点 D'。如果点 D' 到光源 L 的距离比点 D 到光源 L 的距离近,地面上的点 D 位于阴影中。我们仅考虑光源 L 的一条和球体相切于 D' 的特殊光线生成的阴影。

地面阴影的具体流程是,针对从眼睛出发的射线和地面的每一个交点 D:

(1) intersect 函数计算出射线和 Skybox 的交点,如图 11-24 所示为射线 OD 和平面 AB 相交于点 D。确定出 D 的坐标 pos＝rayO＋t * rayD。rayO 就是摄像头所在的 O,确定出可能照射在 D 点的光线的方向 lightVec＝normalize(ubo. lightPos－pos)。根据光照方程,确定出 D 点的颜色 color＝diffuse * planes[i]. diffuse＋specular。这一步,和没有阴影的例子的计算方式是一样的。

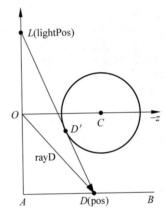

图 11-24　地面阴影模型的 x 轴切面图

(2) sphereIntersect 函数计算点 D 和光源 L 之间的可能光线 lightVec 是否被其他的球体遮挡了。如果遮挡了,返回一个衰减系数。如果没有遮挡,则衰减系数是 1.0。显然,挡住光线的点 D' 到光源 L 的距离应该小于 D 点和光源 L 之间的距离,否则无法形成遮挡;

(3) 将步骤(1)确定的 D 点的颜色,和步骤(2)确定的衰减系数相乘,得到的就是该点综合了阴影的颜色。

球体上的阴影的计算:针对眼睛和球体的每一个交点 D,生成一条从光源 L 到这个交点 D 的光线。计算出光线和球体的交点 D'。如果 D' 到光源 L 的距离比 D 到光源 L 的距离近,球体上的点 D 位于阴影中。地面上的阴影的计算:针对眼睛和地面的每一个交点 D,生成一条从光源 L 到这个交点 D 的光线。计算出光线和球体的交点 D'。如果点 D' 到光源 L 的距离比 D 到光源 L 的距离近,地面上的点 D 位于阴影中。

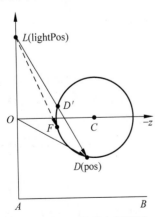

图 11-25　球体背光面阴影的 x 轴切面图

下面考虑物体背光面的阴影的着色问题,如图 11-25 所示。眼睛位于点 O,光源位于点 L,球心位于点 C。球和摄像头位于一个 Skybox 里面,AB 是 Skybox 的地面。从眼睛出发的射线 OD 和球体相交于 D。针对眼睛和球体的每一个交点 D,生成一条从光源 L 到这个交点 D 的光线 LD。计算出光线 LD 和球体的交点 D'。如果 D' 到光源 L 的距离比 D 到光源 L 的距离近,球体上的点 D 位于阴影中。要注意的是,处于和球相切的光线 LF 右侧的光线,才会在球的下部形成阴影。

球体背光面阴影的计算流程和地面阴影的计算流程是类似的,针对从眼睛出发的射线和球体的每一个交点 D:

（1）intersect 函数计算出射线和球体的交点,如图 11-25 所示,射线 OD 和球体相交于点 D。确定出 D 的坐标 $pos＝rayO+t*rayD$。rayO 就是摄像头所在的 O,确定出可能照射在 D 点的光线的方向 $lightVec＝normalize(ubo.lightPos－pos)$。根据光照方程,确定出 D 点的颜色 $color＝diffuse * planes[i].diffuse+specular$。

（2）sphereIntersect 函数计算点 D 和光源 L 之间的可能光线 lightVec 是否被其他的球体或者被当前球体的另一面给遮挡了。如果遮挡了,返回一个衰减系数。如果没有遮挡,则衰减系数是 1.0。显然,挡住光线的点 D' 到光源 L 的距离应该小于 D 点和光源 L 之间的距离,否则形不成遮挡。

（3）将步骤（1）确定的 D 点的颜色和步骤（2）确定的衰减系数相乘,得到的就是该点综合了阴影的颜色。

完整阴影的计算着色器实现如程序清单 11-14 所示。

程序清单 11-14　阴影的计算

```
// Vulkan/data/shaders/raytracing_shadow/raytracing.comp
float calcShadow(in vec3 rayO, in vec3 rayD, in int objectId, inout float t) {
 for (int i = 0; i < spheres.length(); i++) {
  if (spheres[i].id == objectId)
   continue;
  float tSphere = sphereIntersect(rayO, rayD, spheres[i]);
  if ((tSphere > EPSILON) && (tSphere < t)) {
   t = tSphere;
   return SHADOW;
  }
 }
 return 1.0;
}
```

运行结果如图 11-26 所示。

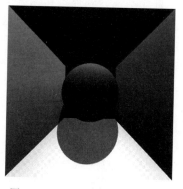

图 11-26　光线追踪生成的阴影

参考源代码：

Vulkan/examples/raytracing_shadow

11.10 光线追踪和光栅化对比

我们可以从处理流程和输入方面的区别来比较光线追踪和光栅化。

光线追踪和光栅化流程上的区别如下。

(1) 光栅化是已知顶点信息，使用透视投影求解出其在 2D 投影面的位置和颜色。对于开发者而言，理解光栅化的核心问题是 3D 场景及其变换，着色器及其光照处理（光栅化本身是被固化在 GPU 流水线里面的）。

(2) 对于光线追踪，考虑一个简化的情况，整个空间只有一个物体，例如圆球，光线追踪则是已知顶点信息，以及从眼睛到投影面的出发光线（根据眼睛坐标和投影面的位置推导出），求解投影面上的每个点的颜色。投影面上每个点的颜色，来自从眼睛出发的射线和球体交点的颜色（更常见的情况是，有多个物体，还要叠加更多的反射、折射光线）。所以光线追踪要解决的问题之一是，光线和物体的交点在哪里。确定交点后，同样要通过着色器处理光照。

光栅化需要的输入信息如下。

(1) 眼睛或摄像头位置。

(2) 光源信息。

(3) 顶点和物体信息：用户输入物体坐标（以及法向量等），模型视图变换矩阵。

(4) 投影信息：透视投影或者正交投影。

(5) 纹理和纹理坐标。

光线追踪需要的输入信息如下。

(1) 眼睛或摄像头位置。

(2) 光源信息。

(3) 顶点和物体信息：用户输入物体坐标（以及法向量等），模型视图变换矩阵等。

(4) 纹理和纹理坐标（本章将不讨论这一部分）。

事实上，虽然光线追踪和光栅化都能看到顶点和物体信息，但是两者看到的内容是有区别的。光栅化的顶点着色器只能看到单个顶点的信息，片元着色器只能看到单个片元的信息。而光线追踪，以当前测试的这个例子来看，光照的时候需要遍历空间所有的物体来检查是否和光线相交，因而光线追踪的时候，能够看到用户定义的所有物体空间的信息。

本章计算着色器的输出是一个宽和高都是 2048 的 VkImage，本章将从计算着色器的角度来分析 VkImage 的每一个像素的来源。

计算过程和光栅化过程主要的区别如下。

(1) 计算过程的流水线很简单，它的功能就是并行地执行用户指定的计算着色器。光栅化有着复杂的流水线，对用户输入的顶点会从不同的角度（顶点、原语、片元）进行处理。

(2) 计算着色器和顶点着色器、片元着色器的调度方式不一样。顶点着色器要执行多少次,取决于顶点的数目。片元着色器要执行多少次,则取决于光栅化产生的每个原语包含多少个片元,所以片元着色器的执行依赖于顶点着色器的结果。计算着色器之间则是完全没有依赖关系的,要执行的次数,可以由用户输入指定。

计算着色器可以在 x、y、z 方向上分为多个工作组(workgroup),通过 vkCmdDispatch 指定每个维度上有多少个工作组。在计算着色器里面通过 local_size_x、local_size_y 指定其每个工作组有多少个线程。

VkImage 上的 x、y 位置的像素来自 gl_GlobalInvocationID 对应的线程的输出。gl_GlobalInvocationID 的计算方法是:

```
gl_GlobalInvocationID = gl_WorkGroupID * gl_WorkGroupSize + gl_LocalInvocationID;
```

gl_WorkGroupSize 表示了每个工作组有多少线程,对于一个确定的计算着色器,这个值来自于 local_size_x、local_size_y,是常量。

gl_WorkGroupID 表示当前线程位于哪个工作组。对同一个工作组里面的多个线程,是确定的。对于不同工作组的线程,则是不同的。其范围是 0 到 vkCmdDispatch 指定的工作组范围。

gl_LocalInvocationID 表示了同一个工作组里面的每个线程的 ID。其范围是 $0 \leqslant$ gl_LocalInvocationID. x$<$local_size_x,$0 \leqslant$gl_LocalInvocationID. y$<$local_size_y。

假设一个 32×32 的 VkImage,local_size_x$=16$,local_size_y$=16$。vkCmdDispatch 指定 x、y 方向上分别有两个工作组。每个工作组和输出 VkImage 之间的关系如图 11-27 所示。

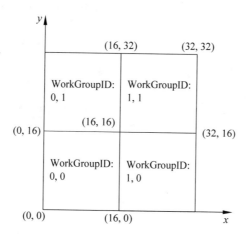

图 11-27　计算着色器的工作组和对应的输出

11.11　示　例

光线追踪的例子使用了两个 VkQueue 来实现。一个 VkQueue 是计算(compute)过程,实现光线追踪过程。光线追踪生成的数据写入到一个和渲染过程共享的 VkImage 里面。另一个 VkQueue 是渲染过程（render to framebuffer），读取计算过程的结果，输出到屏幕上。渲染过程使用了特殊的全窗口显示方法（参考第 10 章 一种特殊的全窗口显示的方法），所以渲染过程并没有输入顶点以及纹理的 uv 信息。由于 VkImage 在计算过程的写入和渲染过程的读取之间共享，所以在录制绘图命令的时候，要通过 vkCmdPipelineBarrier 插入 VkImageMemoryBarrier 确保数据读写安全。另外，在两个 VkQueue 的 vkQueueSubmit 之间，需要用 VkFence 来确保上一个过程的录制命令已经执行结束：

```
vkWaitForFences(device,1,&compute.fence,VK_TRUE,UINT64_MAX);
vkResetFences(device,1,&compute.fence);
```

源码结构如图 11-28 所示。计算过程输入的几何图形是简化了的球和平面等，统一称为顶点（vertex），顶点和几何物体之间可以转换。渲染过程实现了全窗口显示，没有输入顶点。

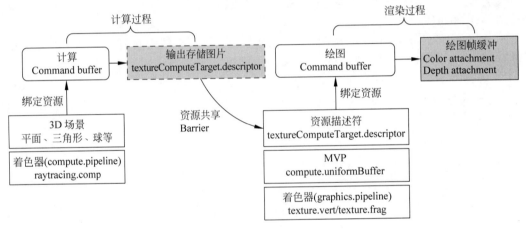

图 11-28　光线追踪 raytracing* 的源码结构

参考源代码：

Vulkan/examples/raytracing*

小　　结

本章通过计算着色器模拟实现了简单的 3D 物体的光线追踪。对于简单的场景，没有考虑性能方面的问题。实际上对于更加复杂的 3D 场景，大量的 GPU 资源都用于计算光线和物体的相交。这个时候要实时处理这些复杂的 3D 场景，则需要考虑减少光线和三角形相交的计算，如通过加速结构（acceleration structures）。

目前实时光线追踪还属于比较新的技术，各大 GPU 厂商支持的力度也不一样。随着技术的进步，实时光线追踪和虚拟现实融合，能够为消费者创建更加逼真的虚拟现实体验。

第 12 章　透视投影的其他应用

本章将先讨论双摄像头成像,双摄像头成像和透视投影类似;然后讨论基于透视投影以及深度测试的延迟渲染、阴影等其他 3D 应用。

12.1　双摄像头立体成像

用两个摄像头拍摄同一个物体,可以拍摄出立体的照片。所谓立体照片,就是照片的每一个像素,除了 x、y 坐标信息之外,还包含深度 z 的信息。

如图 12-1 所示,位于不同位置的摄像头 O_1、O_2 同时拍摄处于 P 位置的物体,根据相似三角形的性质,容易得到:

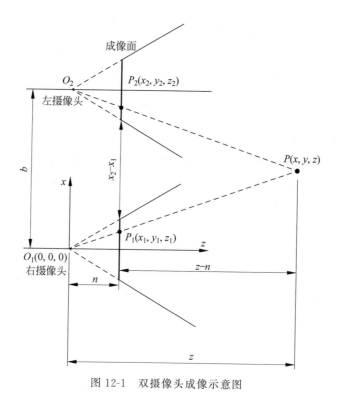

图 12-1　双摄像头成像示意图

$$\frac{x}{x_1} = \frac{z}{n}$$

$$\frac{y}{y_1} = \frac{z}{n}$$

另外,三角形 PO_1O_2 相似于三角形 PP_1P_2:

$$\frac{x_2 - x_1}{b} = \frac{z - n}{z}$$

根据上面三个等式,求解得到 x、y、z 如公式 12-1 所示。

$$z = \frac{n}{1 - \dfrac{x_2 - x_1}{b}}$$

$$x = \frac{x_1}{1 - \dfrac{x_2 - x_1}{b}}$$

$$y = \frac{y_1}{1 - \dfrac{x_2 - x_1}{b}}$$

公式 12-1 双摄像头立体成像

12.2 延 迟 渲 染

在顶点着色器(vertex shader)根据 MVP 矩阵计算裁剪坐标 gl_Position,在片元着色器(fragment shader)根据材质纹理光线等的信息计算片段的颜色,生成的颜色写入输出帧缓冲区。整个渲染过程执行一次绘图命令(glDraw * 或者 vkCmdDraw *),但是每次都会将生成的颜色写入输出帧缓冲区。这是正向渲染(forward rendering)的流程。

正向渲染(forward rendering),如图 12-2 所示,是最常用的渲染模型,它只有一次渲染过程即渲染到帧缓冲区。假设一个 3D 场景中,有 L 个物体,每个物体生成了 M 个片元,系统一共有 N 个点光源,那么这个时候片元着色器(fragment shader,FS)一共要执行 $L \times M \times N$ 次光照计算(每个片元都要做一次光照计算)。

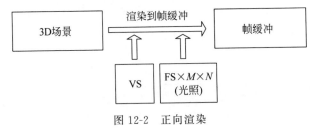

图 12-2 正向渲染

延迟渲染(deferred rendering)[①]通过两个渲染过程来实现,如图 12-3 所示,因而调用了两次绘图命令。第一次渲染到 G-Buffer(render to G-Buffer。G-Buffer 是 geometry buffer 的缩写。之所以叫 G-Buffer,是因为里面的内容以几何信息为主),通过顶点着色器和片元着色器,将距离眼睛(摄像头)最近的点的 position、normal、albedo、specular 等信息写入到四个 G-Buffer。第二次渲染到输出帧缓冲(render to frame buffer),根据上一过程生成的信息,生成片元,然后对每一个片元进行着色。延迟渲染的模型如图 12-3 所示。

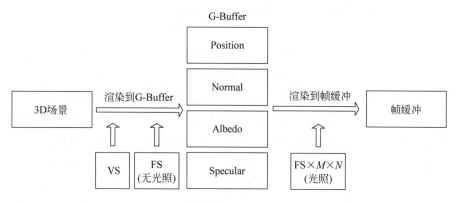

图 12-3　延迟渲染模型

缩略语：VS(vertex shader,顶点着色器)；FS(fragment shader,片元着色器)。

写入 G-Buffer 的信息如下。

(1) 3D 位置向量(position),用于插值生成片元位置。生成的片元位置会被用来计算光线的方向。由于光线的方向是定义在世界坐标系的,因此这个位置向量,是经过了模型变换的世界坐标。

(2) 法向量(normal)。

(3) 漫反射颜色向量(albedo)。

(4) 镜面反射强度(specular),本书提供的例子其镜面反射强度是在第二次渲染直接计算得到的,不是第一次渲染生成的。

如果使用了延迟渲染,渲染到 G-Buffer 的过程中,因为 L 个物体的信息会有一部分重合,G-Buffer 只保留了距离用户眼睛最近的那个物体的点的信息。这里存在两个极端情况：第一个是 L 个物体,每个经过透视投影后都会填充到整个输出窗口,这个时候 L 个物体的信息,经过深度测试后只剩下距离用户眼睛最近的那个。另一个是,L 个物体投影后的内容,没有任何交叠,而是平铺在用户的眼前。这个时候保存在 G-Buffer 里面的信息,还是 L 个物体的。前者光照的次数是 $M \times N$。后者还是 $L \times M \times N$,这个时候延迟光照没有实际意义。

[①]　延迟渲染,https://learnopengl.com/Advanced-Lighting/Deferred-Shading。关于正向渲染和延迟渲染的比较,https://gamedevelopment.tutsplus.com/articles/forward-rendering-vs-deferred-rendering--gamedev-12342。

但是总的来说,延迟渲染能够将正向渲染需要的 $L \times M \times N$ 次光照,变成小于 $L \times M \times N$ 次光照。

延迟渲染也有自己的缺点,例如不能处理透明的情况,会占用更多的显存。

12.2.1 深度测试剔除所有被遮挡的点

分析延迟渲染的时候,要注意的一个细节是:渲染到 G-Buffer 阶段,将 G-Buffer 作为输出缓冲区的时候,往 G-Buffer 里面填充的 position、normal、albedo、specular 等信息,都是经过深度测试的。

在继续深入这个细节之前,我们回忆下正向渲染里面的深度测试:在上一次绘图操作(其实是同一帧画面,有多个物体,每个物体有一次绘图操作)已经将物体的相应颜色数据写入了颜色缓冲区,深度信息写入了深度缓冲区。我们将这里的颜色、深度称为颜色 1、深度 1。下面开始绘制第二个物体,第二个物体在同一个 uv 坐标处生成的颜色 2、深度 2。那么,如何决定颜色缓冲区和深度缓冲区的深度和颜色呢?这个时候就要深度测试。深度测试有很多模式,这里选择 Vulkan 的 VK_COMPARE_OP_LESS _OR_EQUAL(GL 也是类似的)。其方法是:比较 1、2 的深度。假设 2 距离眼睛比较近,那么,将深度缓冲区里的深度 1 用深度 2 替换,颜色缓冲区里的颜色 1 用颜色 2 替换。

上面讲的是帧缓冲区绑定了颜色缓冲区的情形。但是延迟渲染里面,帧缓冲区绑定的是 position、normal、albedo、specular 等信息。那么在绑定 position 的时候,深度测试是怎么样的?其实和上面的颜色缓冲区一样:在上一次绘图已经将物体相应的 position 数据写入了 position G-Buffer,深度信息依然写入了深度 buffer。将这里的 position、深度称为 position 1、深度 1。下面开始绘制第二个物体,第二个物体在同一个 uv 坐标处生成的 position 2、深度 2。同样地,比较深度 1、2。假设 2 距离眼睛比较近,那么,将深度缓冲区里的深度 1 用深度 2 替换,position G-Buffer 缓冲区里的 position 1 用 position 2 替换。

所以通过这个渲染到 G-Buffer 以及 GPU 流水线提供的深度测试功能,将整个视景体空间的所有物体,都做了一次遮挡过滤。G-Buffer 里面,仅剩下了距离用户眼睛最近的那些点的 position、normal、albedo、specular 信息。

12.2.2 示例

本章的例子位于 Vulkan/examples/deferred,包括两次绘图渲染过程,源码结构如图 12-4 所示。

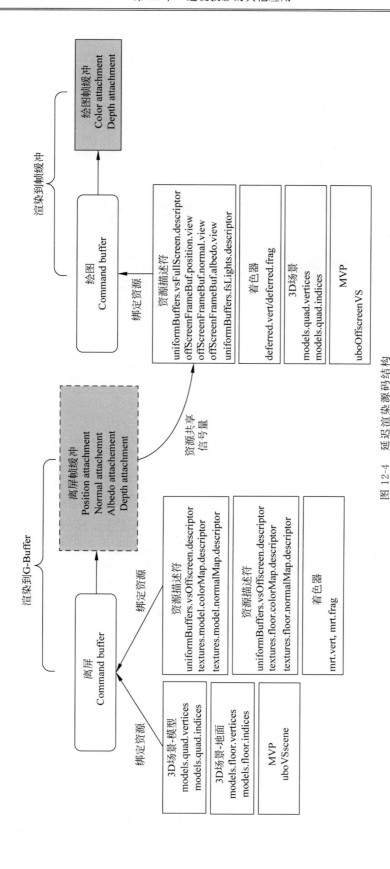

图 12-4　延迟渲染源码结构

12.3　阴　　影

光线照射不到的地方,就会形成阴影。对于 3D 空间的物体来说,如果照射到一个物体的光线,被其他物体挡住了,这个物体就在阴影中。

不同类型的光源有不同的阴影实现方法。如果是平行光源,可以用正交投影。如果是点光源,则使用透视投影。

本节分析点光源的阴影计算方法,该方法使用两个透视投影视景体来确定阴影,如图 12-5 所示。

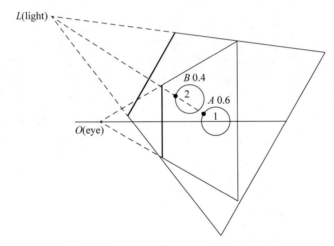

图 12-5　点光源的阴影映射——双视景体

一个是普通渲染需要的,原点在眼睛 O 的位置,称作视景体 O。另一个是在物体所在的世界坐标系中,构造一个基于光线的透视投影。基于光线的透视投影的特点是:原点位于光源 L 所在的位置,称作视景体 L。视景体 L 本身的大小要能够将定义在视景体 O 的所有需要参与显示的物体包含进去。视景体 L 是为了得到一个深度纹理,这个深度纹理保存了距离光源 L 最近的点的深度信息,我们称这个深度纹理为最近深度纹理。理解最近深度纹理的生成和使用是本节的重点。

Vulkan 示例使用了以下两个渲染过程(render pass,每个渲染过程可以理解为一次绘图过程,会调用 vkCmdDraw ＊)来实现阴影。

(1) 离屏渲染过程(offscreen render pass):在视景体 L 生成最近深度纹理信息,最近深度纹理信息只包含距离光源 L 最近的点的深度信息。如图 12-5 所示,在视景体 L,离屏渲染过程会分别计算具有同一 uv 坐标的点 A 和点 B 的深度信息,得到点 B 是距离光源最近的,因此该 uv 坐标的最近深度纹理的深度信息来自点 B。

(2) 场景渲染过程(scene render pass):在视景体 O 上,根据离屏渲染过程生成的最近深度纹理,输出最终的场景。在决定每个 uv 坐标上点的颜色的时候,会将当前点在视景体 L 上的深度信息和离屏渲染过程生成的最近深度纹理信息进行对比(对于场景渲染过程而言,视景体 O 的当前点在视景体 L 上的深度信息,是在视景体 O 的坐标系下,利用视景体 L 的 MVP 矩阵计算的。离屏渲染过程生成的最近深度纹理信息,也是在视景体 L 里面得到的)。如果当前点在视景体 L 的深度信息比最近深度纹理上的深度信息要远,那么这个点就被遮挡了,也就是要绘制成阴影。如图 12-5 所示,离屏渲染过程得到点 B 是距离光源最近的,因此最近深度纹理的深度信息来自点 B。视景体 O 当前处理点 A,先计算点 A 在视景体 L 的深度信息。在视景体 L,点 A 比点 B 距离光源更远,因此在视景体 O,点 A 要绘制成阴影。

12.3.1　生成最近深度纹理

这个过程发生在视景体 L。视景体 L 生成最近深度纹理的过程,是一个离屏渲染的过程。要生成距离光源最近的深度纹理,最简单的办法就是,在视景体 L 进行一次绘图操作,但是这个过程仅需要输出深度信息,颜色缓冲区的输出会被丢弃。所以这个离屏渲染过程,最主要的功能就是通过顶点着色器计算顶点的裁剪坐标 gl_Position。生成所有点的裁剪坐标之后,利用流水线的深度测试功能,就能够得到最近深度纹理。

可以从输入输出和处理流程两个方面进行分析。和之前的分析方法一样,将模型矩阵设置为单位矩阵,去掉模型变换以简化问题的分析。

视景体 L 的输入输出如下。

(1)输出:构造一次离屏渲染。只需要输出到深度缓冲区就可以。对于 Vulkan 而言,就是为 VkFrameBuffer 创建 DEPTH_FORMAT 的 VkImage/VkImageView。

(2)输入:将视景体 O 里面构造好的物体,传给视景体 L。

由于传递给视景体 L 的物体坐标信息是基于视景体 O 的,所以要求出基于光源 L 的 MVP 矩阵,然后通过这个 MVP 矩阵求解出物体在视景体 L 的裁剪坐标(请注意:只要是透视投影,不论是哪个视景体,顶点坐标乘以透视投影矩阵后得到的都是裁剪坐标)。视景体 L 的处理流程如下。

1. 构造出视景体 L 的 MVP 矩阵

这个过程和构造普通的 MVP 矩阵是一样的,如程序清单 12-1 所示。

程序清单 12-1　计算相对于光源视景体的 MVP 矩阵

```
void updateUniformBufferOffscreen()
{
 // 求解视景体 L 的透视投影 P 矩阵
 glm::mat4 depthProjectionMatrix = glm::perspective(glm::radians(lightFOV), 1.0f, zNear, zFar);
 // 求解视景体 L 的视图 V 矩阵.注意观察点已经变成了 lightPos.这个矩阵的目的是将视景体 O
 // 的物体坐标变成视景体 L 的
 glm::mat4 depthViewMatrix = glm::lookAt(lightPos, glm::vec3(0.0f), glm::vec3(0, 1, 0));
 // 求解视景体 L 的模型 M 矩阵,是单位矩阵
 glm::mat4 depthModelMatrix = glm::mat4(1.0f);
```

```
// 求解 MVP 矩阵
uboOffscreenVS.depthMVP = depthProjectionMatrix * depthViewMatrix * depthModelMatrix;
memcpy(uniformBuffers.offscreen.mapped, &uboOffscreenVS, sizeof(uboOffscreenVS));
}
```

2. 计算出视景体 O 里面的物体，在视景体 L 里面的裁剪坐标（offscreen.vert）

将上面求解得到的视景体 L 的 MVP 矩阵，传递给顶点着色器 offscreen.vert。MVP 矩阵乘以输入的物体坐标（如点 A），就得到了视景体 L 的裁剪坐标 gl_Position。这个过程和普通的 3D 流程是一样的，如程序清单 12-2 所示。

程序清单 12-2 视景体 O 里面的物体，在视景体 L 里面的裁剪坐标

```
gl_Position = ubo.depthMVP * vec4(inPos, 1.0);
```

3. 流水线自动完成深度纹理的写入

由 3D 流水线自动完成。由于深度测试模式是 VK_COMPARE_OP_LESS_OR_EQUAL，即当前点的深度信息如果小于或者等于深度缓冲区相应位置的深度值，那么深度缓冲区里面的深度信息会被当前点的深度信息覆盖。这就保证了深度缓冲区里面的深度信息是距离原点最近的点的深度信息。如图 12-5 所示的场景里面，A、B 两个点的深度信息，只有 B 点的信息被保存到最近深度纹理里面。

12.3.2 使用深度纹理

我们需要在视景体 O 的片元着色器里面，比较每个点的深度信息和离屏渲染过程存储的最近深度纹理的大小。注意这个深度信息需要和最近深度纹理的深度信息位于同一个视景体 L，否则比较没有意义，但是比较过程发生在视景体 O 的片元着色器里面。如果当前点的深度值，比相应位置的最近深度纹理的值大，说明这个点被最近点遮挡住了。所以这个时候就要将场景空间当前点的颜色变暗，例如乘以 ambient(0.1)，反之则直接使用当前点的颜色。

完成这两个深度信息的比较，视景体 O 需要下面的信息。

（1）当前点在视景体 L 的裁剪坐标，以获取当前点在视景体 L 的深度信息。

（2）当前点对应的最近深度纹理信息。这个信息要从最近深度纹理里面提取。和从普通纹理里面进行采样得到颜色信息一样，从最近深度纹理里面提取深度信息也需要提供 uv 坐标。根据齐次坐标的性质，这个 uv 坐标和当前点的 uv 坐标是一样的，可以从当前点在视景体 L 的裁剪坐标得到。

下面结合示例源码，来讨论这两个深度信息的获取和使用。这个过程发生在视景体 O，场景渲染过程。以图 12-5 中的点 A、B 为例，视景体 O 的当前点是点 A。具体流程如下。

（1）在视景体 O，计算点 A 在视景体 L 的裁剪坐标，并得到点 A 在视景体 L 的深度信息。

这个过程实现在 Vulkan/data/shaders/shadowmapping/scene.vert。

在视景体 O，求出点 A 在视景体 L 的裁剪坐标（这个裁剪坐标不能叫 gl_Position，因为它不需要传递给固定管线做透视除法）。具体计算如程序清单 12-3 所示。

程序清单 12-3　视景体 L 的裁剪坐标

```
outShadowCoord = ubo.lightSpace * vec4(inPos, 1.0);
```

ubo.lightSpace 是之前计算得到的视景体 L 的 MVP 矩阵。outShadowCoord 是点 A 在视景体 L 的裁剪坐标。

点 A 在视景体 L 的深度信息是 $z_c =$ outShadowCoord.z。这个深度信息，和离屏渲染过程得到的最近深度纹理的区别在于，这个坐标是针对顶点着色器的当前点，即点 A。而离屏渲染过程得到的最近深度纹理坐标，仅保留了和点 A 有着相同 uv 坐标且离光源最近的点的深度信息，即点 B 的深度信息（这里有个隐含的条件是，视景体 L 里面点 A、点 B 的 uv 坐标是一样的）。

（2）在视景体 O，计算点 A 在视景体 L 的 NDC 坐标。

这个过程实现在 Vulkan/data/shaders/shadowmapping/scene.frag。

点 A 在视景体 L 的裁剪坐标 outShadowCoord 传递给 scene.frag 后，经过透视除法得到 shadowCoord（NDC 坐标）：shadowCoord＝outShadowCoord/outShadowCoord.w（示例 scene.frag 里面使用的变量名是 inShadowCoord，而不是 outShadowCoord。scene.frag 里面的 inShadowCoord 对应的就是 scene.vert 里面的 outShadowCoord。这里都统一称为 outShadowCoord）。这行源码包含了三次运算：

$$x_n = \frac{x_c}{w_c} = \frac{\text{outShadowCoord.x}}{\text{outShadowCoord.w}}$$

$$y_n = \frac{y_c}{w_c} = \frac{\text{outShadowCoord.y}}{\text{outShadowCoord.w}}$$

$$z_n = \frac{z_c}{w_c} = \frac{\text{outShadowCoord.z}}{\text{outShadowCoord.w}}$$

其中，shadowCoord＝(x_n, y_n, z_n) 是点 A 在视景体 L 的 NDC 坐标。

（3）从点 A 在视景体 L 的 NDC 坐标，获取最近深度纹理的 uv 坐标。

这个过程实现在 Vulkan/data/shaders/shadowmapping/scene.frag。

点 A 在视景体 L 的 NDC 坐标 x、y 分量和最近深度纹理的 uv 坐标是一一对应的。但是 NDC 的 x、y 属于 $[-1.0, 1.0]$，u、v 坐标属于 $[0.0, 1.0]$。因而要做转换：

```
shadowCoord.xy = shadowCoord.xy * 0.5 + 0.5;
```

经过这些转换后，点 A 在视景体 L 的 NDC 坐标 shadowCoord，包含以下两个重要的信息。

① uv 坐标(shadowCoord. xy)。shadowCoord 是根据视景体 L 的信息得到的,而且是归一化的。可以通过这个 u、v 坐标,从视景体 L 的最近深度纹理获取距离光源最近的点的深度值:float dist = texture(shadowMap,shadowCoord. st + off). r;注意这里的深度信息仅仅是 r 分量,shadowMap 是最近深度纹理信息。

② 当前点 A 在光源视景体 L 的深度信息。

这意味着在场景渲染过程(视景体 O)里面,可以获得点 A 在光源视景体 L 的深度信息(包含在 shadowCoord. z 分量里面),以及和 A 对应的最近深度纹理信息(dist)。最近深度纹理信息也是基于视景体 L 得出的。通过这些转换,两个深度信息统一到一个视景体里面了。

(4) 将 NDC 的 z 分量转换为深度缓冲区的深度信息。

这个过程实现在 Vulkan/data/shaders/shadowmapping/scene. frag。

虽然两个深度信息 shadowCoord. z 和 dist 都是基于同一个视景体的,但是还不能直接进行比较。当前点的深度信息 shadowCoord. z 是 NDC 坐标,dist 是深度缓冲区里面的深度信息,两者有一些区别,所以比较前要先将深度信息 shadowCoord. z 转换为深度缓冲区里面的深度信息。

NDC 里面的深度信息和深度缓冲区里面的深度信息可能是有区别的。在 3.7.6 节,得到过深度缓冲区里面的深度和 NDC 深度的关系。考虑场景 $z_n \in [0.0, 1.0]$,根据公式 3-40 NDC 深度到真实深度转换:

$$z_b = z_n, \quad z_n \in [0.0, 1.0]$$

$z_n \in [0.0, 1.0]$ 的情形两个深度正好相等(如果 $z_n \in [-1.0, 1.0]$ 则需要做校正后才能进行比较)。前面利用裁剪坐标和 NDC 已经得到了 $z_n = $ shadowCoord. z。将这个过程整理如下:

$$z_b = z_n = \frac{z_c}{w_c} = \frac{\text{outShadowCoord. z}}{\text{outShadowCoord. w}} = \text{shadowCoord. z}$$

所以,outShadowCoord 里的深度信息,经过透视除法和校正(当前例子 $z_n \in [0.0, 1.0]$ 不需要校正,$z_n \in [-1.0, 1.0]$ 才需要校正)得到了与深度缓冲区里面一样含义的深度信息。现在就可以拿 z_b 和最近深度纹理 dist 进行比较了。

(5) 比较当前深度纹理和最近深度纹理。

这个过程实现在 Vulkan/data/shaders/shadowmapping/scene. frag。

如果当前点的深度值 z_b,比相应 uv 位置的最近深度纹理 dist 大,说明这个点被最近点遮挡住了。所以这个时候就要将场景空间的当前点颜色变暗,例如乘以 ambient(0.1)。这个过程其实就是深度测试,如程序清单 12-4 所示,不过这个深度测试是片元着色器完成的,而不是由 GPU 固定管线完成的。

程序清单 12-4　深度比较

```
if (dist < shadowCoord. z )
{
```

```
    shadow = ambient;
    }
```

完整的纹理采样和深度测试代码清单如程序清单 12-5 所示。

程序清单 12-5　scene. frag 纹理采样以及深度测试

```
float textureProj(vec4 shadowCoord, vec2 off)
{
 float shadow = 1.0;
 if ( shadowCoord.z > - 1.0 && shadowCoord.z < 1.0 ) {
  // 纹理采样
  float dist = texture( shadowMap, shadowCoord.st + off ).r;
  // 深度测试
  if (dist < shadowCoord.z ) {
   // 确定位于阴影部分,将颜色变暗
   shadow = ambient;
   }
  }
 // 没有被遮挡,使用原来的颜色
 return shadow;
 }
```

12.3.3　示例

阴影例子的源代码结构如图 12-6 所示。

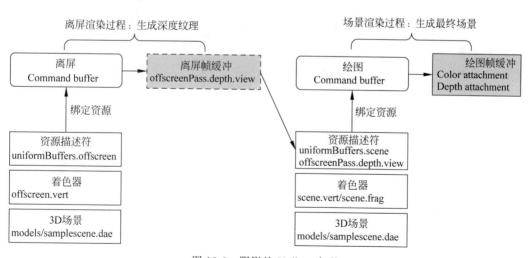

图 12-6　阴影的 Vulkan 实现

参考源代码:

Vulkan/examples/shadowmapping

小　　结

本章介绍了应用透视投影和深度测试实现的一些高级的 3D 应用模型。除了将透视投影和固化在 GPU 里面的深度测试应用于 3D 场景的成像，还可以应用透视投影和深度测试实现双摄像头成像、延迟渲染、阴影等功能。在 3D 程序里面，透视投影和深度测试是一个常见的模式。

第 13 章　Skia

为了达到更好的性能或者跨平台,Android 和 Chromium 的图形系统越来越复杂。主要的两个变化趋势是:广泛地应用多进程多线程;多种绘图 API 如 OpenGL/Vulkan 和 Skia 协同工作。本章介绍 Skia,第 14 章介绍 GPU 的多进程多线程。

Skia 在 Android、Chromium 等开源软件中有广泛的应用。通常 Skia 应用在 2D 环境,但引入正交投影后,Skia 也可以应用于正交投影的 3D 场景。Skia 实现了硬件无关的绘图接口,后台渲染可以用 CPU 实现,也可以用基于 GPU 的 GL/Vulkan 来实现。硬件无关的绘图接口保证了 Skia 强大的跨平台能力,所以它可以运行在 Android/Linux/Windows 等平台上面。

默认情况下,Skia 的坐标系原点在左上角、+x 向右、+y 向下。

和透视投影部分对物体坐标、世界坐标的讨论一样,Skia 支持物体坐标和世界坐标,因而可以实现灵活的物体空间坐标变换。

Skia 最终生成的点及其颜色是根据顶点和纹理信息生成的。

最终生成的点的位置取决于下面几个部分:

(1) 物体的几何信息和模型变换矩阵。Skia 将物体的几何信息(例如矩形的位置和大小)传递给 GPU 的时候,会将几何信息转换成顶点信息,并通过模型变换矩阵×物体坐标得到世界坐标。当模型变换矩阵是单位矩阵的时候,世界坐标和物体坐标重合。当顶点坐标是归一化的输入的时候,模型变换矩阵则来自顶点坐标。

(2) 投影变换。本章只讨论 Skia 正交投影的情形。

(3) 窗口映射变换。

一般的应用场景(例如在 https://fiddle.skia.org/c/做测试的时候),仅设置模型变换矩阵就可以工作。但是在 SkiaRenderer 里面,还设置了正交投影,窗口映射矩阵。Skia 的底层有 GPU 和 CPU 两种实现,其 GPU 的实现最终是要映射到 GL 或者 Vulkan 接口的。从这点来看,Skia 提供的物体坐标、模型变换、窗口映射、纹理坐标等,其本质是对 3D 场景的一种描述。不过由于 Skia 主要支持 3D 场景里面比较简单的正交投影的情况,对比 GL/Vulkan,它淡化了透视投影、视图变换等概念。

最终显示在窗口的点的颜色,则取决于:

(1) uv 坐标。这个坐标是相对纹理尺寸的绝对值而言的,可以理解为相对原始纹理的一个裁剪框。

(2) 具体的颜色值。如果来自于纹理,则取决于纹理本身的 RGBA 颜色信息。如果来自于顶点,则通过插值生成。

Skia 有两种典型的应用场景:用于 2D 图形绘图,用于多图层的合成。

用于 2D 图形绘图的场景很常见,也易于理解,例如早期的 Chromium 的网页元素的绘制(最新版本的 Chromium 已经有了变化)、Android 的视图(view)系统的显示。

用于多图层合成,是 Chromium 里面目前仍处于开发阶段的一个功能。Chromium 合成器是将网页内容生成的多个图层,按照一定的规则合成一帧内容输出显示的模块。在最新版本(版本 73.0.3655.1)的 Chromium 的图形系统架构重构中,已经计划将 Chromium 的合成器从基于 OpenGL 实现的 GLRenderer 切换到基于 Skia 实现的 SkiaRenderer。这个切换带来了如下两个显著的好处。

(1) 合成器能够后向兼容 GL,同时也能适应新的标准 Vulkan。

(2) 将合成器和具体的 GL/Vulkan 解耦合。

为什么一个基于 OpenGL 实现的 3D 模块能够用 2D 引擎 Skia 替换重构呢? 这是基于以下两点来考虑的。

(1) GLRenderer 是基于正交投影的。它不需要透视投影的表达能力(就是透视投影能够将远的物体显示的比较小的能力)。Skia 也可以工作在正交投影模式下。

(2) 为了支持透明,GLRenderer 绘制内容的时候是从最远的图层绘制到最近的图层。这种绘图方法的问题是,如果顶层内容是不透明的,而且全窗口显示,那么除了顶层图层,其他图层的绘制都是无效的,也就浪费了 GPU 资源。针对这个缺点,合成器会在绘制多个图层的内容之前,通过 CPU 的遮挡算法去掉了多层内容之间互相遮挡的部分。Skia 正好支持这种从远到近的绘制模式。

总的来说,Skia 在 Android、Chromium 等项目中扮演着越来越重要的角色,它在正交投影的某些场合甚至可以用来替代基于 GL/Vulkan 的实现。理解它的应用是很有必要的。Skia 虽然是一个 2D 绘图引擎,但是可以在 3D 正交投影的层面来解读它。和透视投影部分一样,本章也专注于理解 Skia 的正交投影和 Skia 里面 1 的含义。

本章使用的测试代码:

https://github.com/math3d/Skia

Chromium 合成器 GLRenderer(版本 73.0.3655.1):

https://cs.chromium.org/chromium/src/components/viz/service/display/gl_renderer.h

https://cs.chromium.org/chromium/src/components/viz/service/display/gl_renderer.cc

Chromium 合成器 SkiaRenderer(版本 73.0.3655.1):

https://cs.chromium.org/chromium/src/components/viz/service/display/skia_renderer.h

https://cs.chromium.org/chromium/src/components/viz/service/display/skia_renderer.cc

13.1 Skia 基础

本节介绍 Skia 的常用接口和应用场景。

13.1.1 常用接口

和 3D 接口一样,Skia 同样提供了丰富的接口来描述它的输入。Skia 的输入主要有:

SkRect(矩形和顶点)、SkMatrix/SkMatrix44(变换矩阵)、SkImage(纹理)等。输入数据通常通过 SkCanvas::draw * 和 SkCanvas::setMatrix 等传递给 SkCanvas。

本节介绍 Skia 的输入、绘图相关的 SkPaint、SkImage、SkCanvas 三个对象。

1. 矩形和顶点

3D 引擎描述 3D 物体最常用的是顶点和三角形。对于 Skia 而言,因为经常被用于处理 2D 图形相关的问题,所以提供了矩形(SkRect)。在 Skia 的引擎内部,会根据上下文的要求,将用户输入的 SkRect 转换成四个顶点坐标,所以不需要去刻意区分 SkRect 和顶点的区别,在本章的场景中,两者是同一个内容的不同表述。顶点信息通常通过 SkCanvas::draw * 的参数传递给引擎。

2. SkPaint

SkPaint 提供了定制 SkCanvas 属性的接口,封装了绘图相关的参数,例如画笔的大小、颜色等。

3. SkImage

在 Skia 里面,SkImage 非常复杂。它里面可能封装了位图图片,也可能是 GL/Vulkan 的纹理图片,还可能是视频数据。本书的 SkImage 就是用户输入的一个图片。

4. SkCanvas

3D 程序提供了绘图命令 glDraw * 和 vkCmdDraw * ,将用户定义的场景输出到帧缓冲。这个过程和人们平常用纸和笔绘图很类似,可以将 glDraw * 和 vkCmdDraw * 理解为笔,而帧缓冲则是纸。对应到 Skia 的情况,SkCanvas 是笔,提供了绘制点、线、矩形、图片等的接口。SkSurface 和 SkBitmap 都可以作为输出用的纸。本书的例子,由于 SkCanvas 已经和 SkSurface 或者 SkBitmap 等绑定了,通过 SkCanvas 的接口就可以进行绘图。

5. SkCanvas::drawImage

接口定义:

```
void drawImage(const SkImage * image, SkScalar left, SkScalar top,
    const SkPaint * paint = nullptr);
```

这个接口将图片绘制到一个指定的位置,如程序清单 13-1 所示,显示整个图片。

程序清单 13-1　SkCanvas::drawImage 例子

```
void draw(SkCanvas * canvas) {
 SkPaint paint;
 canvas -> drawImage(image, 0, 0, &paint);
```

```
  return;
}
```

6. SkCanvas::drawRect

接口定义：

```
void drawRect(const SkRect& rect, const SkPaint& paint);
```

绘制一个矩形，矩形的位置由 SkRect 指定。如果是 GPU 渲染的方式，SkRect 在底层会被解释为四个顶点，然后组装成为两个三角形，如程序清单 13-2 所示。

程序清单 13-2　SkCanvas::drawRect 例子

```
void draw(SkCanvas * canvas) {
 SkPaint paint;
 SkRect rect = {0, 0, 512, 512};
 canvas->drawRect(rect, paint);
}
```

7. SkCanvas::drawImageRect

接口定义：

```
void drawImageRect(const SkImage * image, const SkRect& src, const SkRect& dst,
     const SkPaint * paint,
     SrcRectConstraint constraint = kStrict_SrcRectConstraint);
```

这个接口将图片上 src 指定的区域，绘制到 dst 指定的位置，如程序清单 13-3 所示。

程序清单 13-3　SkCanvas::drawImageRect 例子

```
void draw(SkCanvas * canvas) {
 SkPaint paint;
 SkRect rect = SkRect::MakeXYWH(0, 0, 512, 512);
 canvas->drawImageRect(image, SkRect{0, 0, 512, 512}, rect, &paint,
  SkCanvas::kFast_SrcRectConstraint);
 return;
}
```

SkCanvas::drawImageRect 定义的 src、dst 参数描述的是不同的空间。参数 src 指定了从源图片的哪个位置来截取图片，而且它不会参与模型坐标到世界坐标的变换，所以 src 是绝对坐标，src 里面的 1，对应着一个像素单位。src 类似绘图软件上使用的图片裁剪功能，可以指定 x、y、w、h 四个参数。dst 则定义了输入的纹理将被贴图到物体空间的具体位置，它参与模型坐标到世界坐标的变换，所以 dst 是物体坐标。如果通过 SkCanvas::setMatrix 指定了模型变换矩阵，则在 Skia 的流水线里面，顶点的位置会和模型变换矩阵相乘后得到实际的世界坐标。不过,当用户没有调用 setMatrix 指定模型矩阵的时候,物体坐标和世界坐标是重合的。

这里存在两种可能:

(1) 用户不用 SkCanvas::setMatrix,dst 直接指定顶点的世界坐标。

(2) 用户指定 SkCanvas::setMatrix,则 dst 可以是单位坐标(也是物体空间的一种,但是被归一化了),也可以是其他的非归一化的物体空间坐标。

8. SkCanvas::drawPaint

接口定义:

```
void drawPaint(const SkPaint& paint);
```

本书有些例子利用这个接口将输出区域填充为指定的颜色。程序清单 13-4 将输出窗口填充为淡灰色。

程序清单 13-4　设置输出背景色

```
void draw(SkCanvas * canvas) {
 SkPaint paint;
 paint.setColor(SK_ColorLTGRAY);
 canvas->drawPaint(paint);
 return;
}
```

13.1.2　Skia 矩阵

GL/Vulkan 使用第三方库来实现矩阵及其变换,Skia 则实现了 SkMatrix/SkMatrix44 等矩阵类来表示所需要的矩阵变换。

1. SkMatrix

齐次坐标章节讲到 3D 空间的所有变换可以用 4×4 齐次矩阵来表示。对于 2D 的情况,可以使用 3×3 的齐次矩阵来表示所有的 2D 变换。SkMatrix 就是用来描述 2D 平面的平移、旋转、缩放的 3×3 齐次矩阵,它是一个行主序的矩阵。

SkCanvas::setMatrix 可以给 2D 场景设置一个齐次变换矩阵。

2. SkMatrix44

SkMatrix44 描述的是 4×4 的矩阵。根据需求的不同,它可以被解释为行主序或者列主序。在窗口变换和正交投影变换的章节会使用 SkMatrix44。

对于普通的 2D 场景,SkMatrix 能满足大部分需求。但是有些时候,譬如 Chromium 里面为了同时用 OpenGL 和 Skia 实现合成器,就先将用于 OpenGL 的矩阵转换为

SkMatrix44,然后去掉矩阵里面无关的信息,得到 SkMatrix。

所谓无关的信息,结合公式 2-5 齐次坐标的平移、公式 2-8 齐次坐标的缩放,容易得出如果没有沿着 z 方向的平移和缩放,那么平移和缩放使用的齐次矩阵其第三行和第三列的数据是不重要的。对于旋转的情况,如果仅考虑沿着 z 轴的旋转,如公式 2-6 齐次坐标的绕着 z 轴旋转,那么,同样第三行和第三列的数据是不需要的。所以从 SkMatrix44 转换到 SkMatrix,适用的情况是:没有沿着 z 方向的平移和缩放,旋转是沿着 z 轴的。反过来,从 SkMatrix 转换到 SkMatrix44 则是增加了用 0 和 1 填充的第三行第三列。具体的转换过程如公式 13-1 所示。

$$\begin{pmatrix} b & b & 0 & c \\ d & e & 0 & f \\ 0 & 0 & 1 & 0 \\ g & h & 0 & i \end{pmatrix} <=> \begin{pmatrix} b & b & c \\ d & e & f \\ g & h & i \end{pmatrix}$$

公式 13-1　SkMatrix 和 SkMatrix44 的转换

13.1.3　测试方法

Skia.org 提供了一个基于网页的测试方法。可以将 void draw(SkCanvas * canvas) 里面的实现,替换 https://fiddle.skia.org/ 里面的相同签名的函数,来进行测试。

本书测试的例子,使用的完整图片如图 13-1 所示,大小是 512×512。上面提供的测试链接里面有选项菜单,打开后可以选择图片,以及图片的大小。

另一种测试方法需要编译 Skia 源代码,修改源代码里面的 HelloWorld.cpp,将测试代码复制到 void HelloWorld::onPaint(SkCanvas * canvas) 里面。使用这个方法的一个优点是,用户可以使用 gdb 进行调试,并且可以通过修改代码,选择使用 GL 还是 Vulkan 进行渲染,如程序清单 13-5 所示。

图 13-1　测试用图

程序清单 13-5　Skia 后台渲染模式

```
enum BackendType {
  // GPU 渲染(GL)
  kNativeGL_BackendType,
#if SK_ANGLE && defined(SK_BUILD_FOR_WIN)
  kANGLE_BackendType,
#endif
  // GPU 渲染(Vulkan)
#ifdef SK_VULKAN
  kVulkan_BackendType,
#endif
```

```
// CPU 渲染
kRaster_BackendType,
kLast_BackendType = kRaster_BackendType
};
```

使用 GL 渲染，并不等于一定使用 GPU 渲染。GL 的实现有 GPU 的实现，也有 CPU 的实现，如 SwiftShader 就是 CPU 方式实现的 GL。就本章讨论的内容而言，可以将 GL 都理解为 GPU 实现。

13.2　Skia 物体坐标和世界坐标

和 3D 情形一样，2D 图形也通过物体坐标、世界坐标等概念来增强系统的灵活性。本节先从最简单的没有任何变换的例子开始，然后引入模型变换等概念。

如果不使用模型变换（同时不使用正交投影、窗口映射等），用户输入的坐标，就是实际显示的尺寸。这个时候，坐标里面的 1，对应窗口里面一个具体的像素。如果使用了模型变换，世界坐标等于模型变换矩阵×物体坐标。特殊地，如果用户使用了归一化的物体坐标，而且没有偏移，那么物体坐标的 1 就表示要填充到整个窗口。无论哪种模式，用户都可以通过调整输入的矩形参数（这里的矩形参数，其实是用户输入的四个顶点），来控制要绘制的内容的位置。

本章结合 SkCanvas∷drawRect 和 SkCanvas∷setMatrix 两个接口来理解 Skia 的坐标模型。读者可以由这个模型推广到其他的接口。

本章使用的测试窗口，大小都是 512×512。

13.2.1　物体坐标

默认情况下，系统没有设置任何 MVP 变换。在这个场景下，用户输入的顶点坐标，就是实际的物体坐标，而且物体坐标和世界坐标是重合的，和窗口坐标也是重合的。这就是说，物体坐标里面的 1，就是窗口坐标里面的 1。

程序清单 13-6 会显示一个 512×512 的灰色矩形。输入参数 rect 的每单位 1，和输出窗口的一个像素单位对应。这个输入的 rect 尺寸，就是输出图像的大小。

程序清单 13-6　SkCanvas∷drawRect 的默认场景

```
void draw(SkCanvas * canvas) {
 SkPaint paint;
 paint.setColor(SK_ColorGRAY);
 SkRect rect = SkRect∷MakeXYWH(0, 0, 512, 512);
 canvas -> drawRect(rect, paint);
 return;
}
```

13.2.2　模型变换

Skia 的模型变换和 3D 的模型变换的定义是一样的，是物体坐标到世界坐标的变换，如图 13-2 所示。

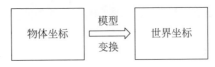

图 13-2　Skia 模型变换

如果使用世界坐标，就需要提供物体坐标到世界坐标的变换，即模型变换。有了模型变换，还要保证用户输入的物体坐标，经过模型变换后，能够根据窗口尺寸的要求输出到窗口。这意味着不同的模型变换，输入物体坐标的范围也会不同。

需要一个怎样的模型变换呢？有很多的选择。这里简化一下，假设用户希望输入的坐标位于 (0.0,0.0)、(1.0,1.0) 之间（归一化的物体坐标），那么变换矩阵就要考虑对物体坐标进行缩放，例如程序清单 13-7 的输出，和没有模型变换的程序清单 13-6 SkCanvas::drawRect 的默认场景是一样的。

程序清单 13-7　使用归一化的输入

```
void draw(SkCanvas * canvas) {
 SkPaint paint;
 paint.setColor(SK_ColorGRAY);
 // 输入归一化的矩形
 SkRect rect = SkRect::MakeXYWH(0.0, 0.0, 1.0, 1.0);
 SkMatrix matrix;
 matrix.setTranslate(0.0, 0.0);
 matrix.preScale(512.0, 512.0);
 // 设置模型变换矩阵
 canvas -> setMatrix(matrix);
 canvas -> drawRect(rect, paint);
 return;
}
```

变量 matrix 就是我们使用的模型变换矩阵。

阅读 Skia 的代码的时候要注意：

```
matrix.reset();
matrix.preTranslate(0.0, 0.0);
```

等价于：

```
matrix.setTranslate(0.0, 0.0);
```

如果希望用户输入的坐标位于(−0.25,−0.25)、(0.75,0.75)之间,它的尺寸和上面的物体坐标系一样,都是1,所以缩放还是一样的。但是起始位置变换了,所以还需要加入平移,如程序清单13-8所示。

程序清单13-8　绘制图形的平移

```
void draw(SkCanvas * canvas) {
 SkPaint paint;
 paint.setColor(SK_ColorGRAY);
 SkRect rect = SkRect::MakeXYWH( − 0.25, − 0.25, 1.0, 1.0);
 SkMatrix matrix;
 matrix.setTranslate(128.0, 128.0);
 matrix.preScale(512.0, 512.0);
 canvas − > setMatrix(matrix);
 canvas − > drawRect(rect, paint);
 return;
}
```

上面这两个例子,程序清单13-7和程序清单13-8,绘制的内容都是输出矩形到整个窗口。

给定变换矩阵和窗口,如果用户希望从窗口中心位置开始,绘制一个1/4窗口大小的矩形,只需要调整用户输入的坐标和尺寸,如程序清单13-9所示,运行结果如图13-3所示。

程序清单13-9　调整输入矩形可以让输出图形产生偏移

```
void draw(SkCanvas * canvas) {
 SkPaint paint;
 // 背景绘制为淡灰色
 paint.setColor(SK_ColorLTGRAY);
 canvas − > drawPaint(paint);
 paint.setColor(SK_ColorWHITE);
 SkRect rect = SkRect::MakeXYWH(0.5, 0.5, 0.5, 0.5);
 SkMatrix matrix;
 matrix.setTranslate(0.0, 0.0);
 matrix.preScale(512.0, 512.0);
 canvas − > setMatrix(matrix);
 canvas − > drawRect(rect, paint);
 return;
}
```

图 13-3　模型变换,输出产生了偏移

3D 模型变换的意义在于,当一个场景里面有多个物体的时候,每个物体可以单独做变换,同时在有些场景还能带来性能上的好处。这些规则,同样适用于 2D 的场景。如程序清单 13-10,图片和文字各自有不同的变换矩阵。绘制图片的时候,模型变换矩阵要求输入的顶点坐标必须是归一化的。绘制文字的时候,则要求其坐标位置在 [0, 256]。

程序清单 13-10　图文混排

```cpp
void RectToTransform(SkMatrix * quad_matrix, const SkRect& quad_rect) {
  quad_matrix->setTranslate(quad_rect.x(), quad_rect.y());
  quad_matrix->preScale(quad_rect.width(), quad_rect.height());
}
void draw(SkCanvas * canvas) {
  SkPaint paint;
  SkRect rect = SkRect::MakeXYWH(0.0, 0.0, 1.0, 0.9);
  SkMatrix matrix;
  matrix.reset();
  SkRect real_rect = SkRect::MakeXYWH(0.0, 0.0, 512.0, 512.0);
  RectToTransform(&matrix, real_rect);
  // 绘制图片的时候使用的模型矩阵将输入的坐标归一化了
  canvas->setMatrix(matrix);
  SkRect texture_rect = SkRect::MakeXYWH(0, 0, 512, 512);
  canvas->drawImageRect(image, texture_rect, rect, &paint,
    SkCanvas::kFast_SrcRectConstraint);
  // 绘制文字使用不同的模型变换矩阵
  SkMatrix matrix_text;
  matrix_text.reset();
  SkRect real_rect_text = SkRect::MakeXYWH(0.0, 0.0, 2.0, 2.0);
  RectToTransform(&matrix_text, real_rect_text);
  canvas->setMatrix(matrix_text);
  paint.setTextSize(10);
  paint.setColor(SK_ColorGRAY);
  SkString str("HelloWorld");
  auto typeface = SkTypeface::MakeDefault();
  SkFont font;
  font.setTypeface(typeface);
  canvas->drawString(str, 100, 245, font, paint);
  return;
}
```

程序清单 13-10 的运行结果如图 13-4 所示。

HelloWorld

图 13-4　Skia 图文混排

上面的这个例子仅演示了模型变换矩阵的缩放功能。其实还可以实现平移和旋转。

13.3 Skia 纹理坐标

这部分讨论在顶点坐标固定的情况下,Skia 纹理坐标的特点。

图片在输出窗口占据的位置,只和顶点坐标有关系。图片的哪些内容会被显示到顶点坐标对应的窗口,取决于输入的纹理坐标。

在不改变顶点坐标的情况下,调整纹理坐标相当于是对纹理图片进行裁剪,然后缩放到顶点坐标定义的窗口空间。纹理坐标不参与顶点坐标的模型变换,纹理坐标使用的是纹理本身的尺寸。图 13-5 用左侧的实线框表示了要输入的纹理,虚线框表示要显示的纹理坐标,虚线框部分的纹理会填充到整个世界坐标里面。纹理坐标类似绘图软件里面的裁剪工具。无论用户怎么裁剪,裁剪得到的纹理部分都会被贴图到顶点定义的世界坐标里面。

纹理坐标不参与模型变换。

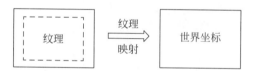

图 13-5　纹理坐标直接映射到世界坐标

13.3.1 顶点坐标不包含模型变换

程序清单 13-11 演示了图片左侧 3/4 的内容占据了顶点定义的完整的窗口,图片从左边开始的 3/4 的内容会被拉伸到整个顶点定义的空间。

程序清单 13-11　图片被裁剪例子 1

```
void draw(SkCanvas * canvas) {
 SkPaint paint;
 SkRect rect = SkRect::MakeXYWH(0, 0, 512, 512);
 SkRect texture_rect = SkRect::MakeXYWH(0, 0, 384, 512);
 canvas-> drawImageRect(image, texture_rect, rect, &paint,
  SkCanvas::kFast_SrcRectConstraint);
 return;
}
```

运行结果如图 13-6 所示。

程序清单 13-12 演示了只显示图片左上角 1/4 的内容,但是这 1/4 的纹理会被拉伸到整个顶点定义的空间。

图 13-6　程序清单 13-11 运行结果

程序清单 13-12　图片被裁剪例子 2

```
void draw(SkCanvas * canvas) {
 SkPaint paint;
 SkRect rect = SkRect::MakeXYWH(0, 0, 512, 512);
 SkRect texture_rect = SkRect::MakeXYWH(0, 0, 256, 256);
 canvas -> drawImageRect(image, texture_rect, rect, &paint,
  SkCanvas::kFast_SrcRectConstraint);
 return;
}
```

运行结果如图 13-7 所示。

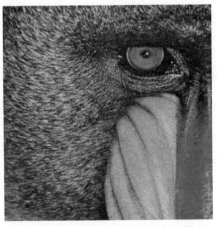

图 13-7　程序清单 13-12 运行结果

13.3.2　顶点坐标包含模型变换

如果顶点坐标定义了模型变换，对纹理坐标没有任何影响，如程序清单 13-13 所示。

程序清单 13-13　　纹理坐标不受模型变换的影响

```
void RectToTransform(SkMatrix * quad_matrix, const SkRect& quad_rect) {
  quad_matrix -> setTranslate(quad_rect.x(), quad_rect.y());
  quad_matrix -> preScale(quad_rect.width(), quad_rect.height());
}
void draw(SkCanvas * canvas) {
  SkPaint paint;
  SkRect rect = SkRect::MakeXYWH(0.0, 0.0, 1.0, 1.0);
  SkMatrix matrix;
  matrix.reset();
  SkRect real_rect = SkRect::MakeXYWH(0.0, 0.0, 512.0, 512.0);
  RectToTransform(&matrix, real_rect);
  canvas -> setMatrix(matrix);
  SkRect texture_rect = SkRect::MakeXYWH(0, 0, 512, 512);
  canvas -> drawImageRect(image, texture_rect, rect, &paint,
    SkCanvas::kFast_SrcRectConstraint);
  return;
}
```

这个例子的输出还是完整的纹理。

13.4　Skia 正交投影

本章将在 Skia 编程中引入正交投影、窗口映射的概念。

前面讨论的 Skia 的顶点坐标、纹理坐标等，都没有考虑正交投影。一般的 Skia 应用，都是基于 2D 的模型，不需要正交投影。但是某些复杂的场景，如 Chromium 的合成器 SkiaRenderer 为了替代基于 OpenGL 的 GLRenderer，使用了正交投影。本章在 Skia 编程里引入正交投影、窗口映射等概念，一方面有助于更好地理解各种变换之间的关系；另一方面，引入正交投影的概念能够让基于 Skia 应用的扩展性变得更好。

正交投影是在世界坐标里面定义的（但是投影坐标不是世界坐标，投影坐标是相对投影面而言的）。为了生成正交投影矩阵，需要在世界坐标里指定 left、right、bottom、top 四个参数。这四个参数的中心，映射到窗口的中心。

正交投影的视景体是一个定义在世界坐标的四棱柱。世界坐标里面定义的点，要落在视景体里面，否则就会被裁剪掉。

下面总结一下目前谈到的各种 Skia 变换。

（1）物体坐标：物体坐标的选择，会影响模型变换、投影矩阵的选择。通过选择不同的物体坐标、模型变换、投影矩阵，能够实现把窗口的中心放在不同位置的功能。

（2）模型变换：将物体坐标的点，变换到世界坐标。模型变换的选择和物体坐标的选择互相影响。

（3）正交投影：将世界坐标的点，映射到 $[(-1,-1,-1),(1,1,1)]$（本章的例子使用这个模型,当然也可以选择其他的映射方式)。

(4) 窗口映射:将正交投影坐标,映射到实际的窗口坐标。Skia 窗口坐标的默认原点在窗口左上角,$+y$ 向下,$+x$ 向右。这个过程也可以分解为两步:① 将投影坐标从 $[(-1,-1),(1,1)]$ 变换到 $[(0,0),(1,1)]$;② 将单位矩阵的 $[(0,0),(1,1)]$,乘以窗口的宽高,变换成窗口坐标。

13.4.1 正交投影

根据公式 5-2 正交投影矩阵,Skia 实现的正交投影矩阵如程序清单 13-14 所示。

程序清单 13-14　Skia 实现的正交投影矩阵

```
// 正交投影矩阵
static SkMatrix44 OrthoProjectionMatrix(float left,
                    float right,
                    float bottom,
                    float top) {
  float delta_x = right - left;
  float delta_y = top - bottom;
  SkMatrix44 proj;
  if (!delta_x || !delta_y)
    return proj;
  proj.set(0, 0, 2.0f / delta_x);
  proj.set(0, 3, -(right + left) / delta_x);
  proj.set(1, 1, 2.0f / delta_y);
  proj.set(1, 3, -(top + bottom) / delta_y);
  // 由于没有使用深度信息,所以 z 分量的系数为 0
  proj.set(2, 2, 0);
  return proj;
}
```

和透视投影不同的是,正交投影不需要做透视除法,用一个矩阵就可以表示完整的正交投影过程。在引入窗口变换之后,将顶点坐标依次乘以模型变换矩阵、正交投影矩阵、窗口变换矩阵,就可以直接得到顶点的窗口坐标。

13.4.2 窗口映射

本章定义的窗口映射是,将正交投影生成的 NDC 坐标 $[(-1,-1,-1),(1,1,1)]$,映射到真实的窗口坐标。从这个意义上来说,窗口映射只有引入了正交投影才有意义(其实没有正交投影也可以提供一个世界坐标到窗口坐标的窗口映射,但是本书不讨论这个)。

本章介绍的窗口映射,是基于第 6 章视口变换的。

考虑用户用偏移 (x',y') 和宽高 (w,h) 定义的一个窗口,假设深度信息 maxDepth =

1，minDepth＝0。结合公式 6-2 齐次形式的视口变换矩阵：

$$
\begin{pmatrix} x_w \\ y_w \\ z_w \\ 1 \end{pmatrix} = \begin{pmatrix} \dfrac{w}{2} & 0 & 0 & x' + \dfrac{w}{2} \\ 0 & \dfrac{h}{2} & 0 & y' + \dfrac{h}{2} \\ 0 & 0 & 1 & 0 \\ 0 & 0 & 0 & 1 \end{pmatrix} \begin{pmatrix} x_n \\ y_n \\ z_n \\ 1 \end{pmatrix}
$$

代入：

$$x' = window.x()$$
$$y' = window.y()$$
$$w = window.w()$$
$$h = window.h()$$

得到相应的窗口变换代码如程序清单 13-15 所示。

程序清单 13-15 Skia 的窗口变换矩阵

```
static SkMatrix44 WindowMatrix(SkRect window) {
  SkMatrix44 canvas;
  // 从[(-1，-1)，(1,1)] 直接映射到窗口坐标
  canvas.preTranslate(window.width()/2 + window.x(), window.height()/2 + window.x(), 0);
  canvas.preScale(window.width()/2, window.height()/2, 0);
  return canvas;
}
```

上面的窗口映射是根据窗口变换公式，用一次缩放加上平移实现的。其实也可以分为两步（Chromium 的 SkiaRenderer 里面就用的两步）：①将 NDC 坐标从[(-1.0,-1.0)，(1.0,1.0)]变换到[(0.0,0.0),(1.0,1.0)]；②将[(0.0,0.0),(1.0,1.0)]映射到真实的窗口坐标。

两步的实现方法是类似的，都可以用缩放加上平移来实现。如果希望直接用矩阵的方式，第一步也可以用公式 6-4 NDC 到单位窗口的变换来实现。

程序清单 13-16 分两步实现的窗口变换

```
static SkMatrix44 WindowMatrix(SkRect window) {
  SkMatrix44 canvas;
  // 将[(0, 0), (1, 1)]映射到窗口坐标
  canvas.preTranslate(window.x(), window.y(), 0);
  canvas.preScale(window.width(), window.height(), 0);
  // 从[(-1，-1)，(1, 1)] 映射到[(0, 0), (1, 1)]
  canvas.preTranslate(0.5, 0.5, 0.5);
  canvas.preScale(0.5, 0.5, 0.5);
  return canvas;
}
```

13.4.3　窗口映射对原点的影响

和 3D 编程类似,在进行 2D 编程的时候,也需要确定窗口坐标系的原点在哪里。通常的选择有左上角、窗口的中心位置等。其实所谓的坐标系原点,只是一种约定,主要是为了在不同的应用和开发者之间实现兼容。如果应用程序仅用作测试,完全可以随意调整窗口的原点。这个调整可以用窗口变换来实现。本节结合两个例子,来讨论如何将窗口的原点调整为窗口的左上角和窗口的中心位置。

(1) 物体坐标(0.0,0.0)位于窗口的左上角,即窗口原点(0.0,0.0)位于窗口的左上角。

如程序清单 13-17 所示。

程序清单 13-17　窗口原点位于窗口左上角

```
// 正交投影矩阵
static SkMatrix44 OrthoProjectionMatrix(float left,
                    float right,
                    float bottom,
                    float top) {
  float delta_x = right - left;
  float delta_y = top - bottom;
  SkMatrix44 proj;
  if (!delta_x || !delta_y)
    return proj;
  proj.set(0, 0, 2.0f / delta_x);
  proj.set(0, 3, -(right + left) / delta_x);
  proj.set(1, 1, 2.0f / delta_y);
  proj.set(1, 3, -(top + bottom) / delta_y);
  // 由于没有使用深度信息,所以 z 分量的系数为 0
  proj.set(2, 2, 0);
  return proj;
}
// 窗口映射矩阵
static SkMatrix44 WindowMatrix(SkRect window) {
  SkMatrix44 canvas;
  // 将[(0, 0), (1, 1)]映射到窗口坐标
  canvas.preTranslate(window.x(), window.y(), 0);
  canvas.preScale(window.width(), window.height(), 0);
  // 从[(-1, -1), (1, 1)] 映射到[(0, 0), (1, 1)]
  canvas.preTranslate(0.5, 0.5, 0.5);
  canvas.preScale(0.5, 0.5, 0.5);
  return canvas;
}
/* RectToTransform 将窗口的实际大小转换为一个模型变换矩阵。这个变换的特点是:用户输入
的顶点坐标的有效范围是[(0,0),(1,1)]。下面的代码将绘制一个填充整个窗口的矩形:
```

```
SkRect rect = {0, 0, 1, 1};
canvas->drawRect(rect, paint);
*/
void RectToTransform(SkMatrix44* quad_matrix, const SkRect& quad_rect) {
  quad_matrix->preTranslate(quad_rect.x(), quad_rect.y(), 0);
  quad_matrix->preScale(quad_rect.width(), quad_rect.height(), 1);
}
void TransformToFlattenedSkMatrix(const SkMatrix44& transform,
               SkMatrix* flattened) {
  // 删除第三行和第三列,将 4×4 矩阵变成 3×3 矩阵.具体参考
  // 公式 13 1 SkMatrix 和 SkMatrix44 的转换
  flattened->set(0, SkMScalarToScalar(transform.get(0, 0)));
  flattened->set(1, SkMScalarToScalar(transform.get(0, 1)));
  flattened->set(2, SkMScalarToScalar(transform.get(0, 3)));
  flattened->set(3, SkMScalarToScalar(transform.get(1, 0)));
  flattened->set(4, SkMScalarToScalar(transform.get(1, 1)));
  flattened->set(5, SkMScalarToScalar(transform.get(1, 3)));
  flattened->set(6, SkMScalarToScalar(transform.get(3, 0)));
  flattened->set(7, SkMScalarToScalar(transform.get(3, 1)));
  flattened->set(8, SkMScalarToScalar(transform.get(3, 3)));
}
void draw(SkCanvas* canvas) {
  SkPaint paint;
  SkMatrix44 obj_matrix;
  obj_matrix.reset();
  SkRect real_rect = SkRect::MakeXYWH(0.0, 0.0, 512.0, 512.0);
  RectToTransform(&obj_matrix, real_rect);
  SkMatrix44 window_matrix;
  window_matrix.reset();
  window_matrix = WindowMatrix(real_rect);
  SkMatrix44 proj_matrix;
  proj_matrix.reset();
  // 使用正交投影矩阵
  proj_matrix =
    OrthoProjectionMatrix(real_rect.x(), real_rect.x() + real_rect.width(),
            real_rect.y(), real_rect.y() + real_rect.height());
  SkMatrix44 mvp_matrix;
  mvp_matrix.reset();
  // 物体坐标经过模型变换、投影变换、窗口变换得到窗口坐标
  mvp_matrix = window_matrix * proj_matrix * obj_matrix;
  SkMatrix sk_device_matrix;
  TransformToFlattenedSkMatrix(mvp_matrix, &sk_device_matrix);
  canvas->setMatrix(sk_device_matrix);
  canvas->drawCircle(0.0,0.0,0.1,paint);
  return;
}
```

这段代码将圆弧输出到窗口的左上角。

（2）物体坐标(0.0,0.0)对应到窗口的中心，即窗口原点(0.0,0.0)位于窗口的中心位置。

如程序清单 13-18 所示。这个窗口变换和程序清单 13-17 窗口原点位于窗口左上角窗口变换的唯一区别是：它将窗口原点从左上角移动到了窗口的中心。

程序清单 13-18　窗口原点位于窗口中心

```
static SkMatrix44 WindowMatrix(SkRect window) {
 SkMatrix44 canvas;
 // 映射到窗口位置，并缩放到窗口坐标
 canvas.preTranslate(window.x() + window.width()/2, window.y() + window.height()/2, 0);
 canvas.preScale(window.width(), window.height(), 0);
 // 将[(-1, -1), (1, 1)] 映射到 [(0, 0), (1, 1)]
 canvas.preTranslate(0.5, 0.5, 0.5);
 canvas.preScale(0.5, 0.5, 0.5);
 return canvas;
}
```

13.5　Skia 图像边缘检测

除了用于 2D 绘图，Skia 还实现了多种用于图像处理的过滤器。本节介绍 Skia 卷积滤波器实现图像的边缘检测。卷积滤波器在不同的应用场景有不同的意义。如可以在统计上解释为概率，在数学上解释为梯度，在通信上解释为信号等。本节介绍的卷积就是基于梯度的概念实现的图像边缘检测。

边缘检测用于标识数字图像中颜色变化明显的点。在连续空间，连续函数变化的快慢程度可以用函数的导数来衡量。对于离散的图像而言，可以通过差分的方法来近似求出图像颜色的变化程度。将二维图像的颜色信息当作因变量，坐标的 x、y 分量当作自变量，就构成一个三维空间。二维图像的边缘检测是发生在三维空间的。

13.5.1　Sobel 算子

Sobel 算子能够衡量图像的变化程度，因而可以用来实现图像的边缘检测。Sobel 算子是梯度（gradient），是矢量形式的。但是图像和 Sobel 算子做运算后，得到的是标量，也就是图像的方向导数。

在连续二维空间，一个连续可导的函数上的某一点，其切线是唯一确定的，因而其导数是唯一确定的。在连续三维空间，曲面上每一个点都可能存在无穷多条切线，任选其中一条切线，都可以求出一个导数，这个导数就是方向导数。方向导数用来描述在某一点 (x,y) 沿某一单位方向 $\boldsymbol{u}$ 的变化率，是一个标量，如公式 13-2 所示。

$$\frac{\partial f}{\partial \boldsymbol{u}} = \lim_{\substack{w \to 0 \\ h \to 0}} \frac{f(x+w, y+h) - f(x, y)}{\sqrt{w^2 + h^2}}$$

公式 13-2　方向导数

其中，$\boldsymbol{u} = (\cos\theta, \sin\theta)$，$\dfrac{h}{w} = \tan\theta$。

如果在点 (x, y)，保持 x、y 两个分量中的一个不变，对另一个求导，就得到了偏导数 $\dfrac{\partial f}{\partial x}$ 和 $\dfrac{\partial f}{\partial y}$。偏导数和方向导数的关系如公式 13-3 所示（具体证明过程请参考《工科数学分析基础》下册中的公式 3.14）。

$$\frac{\partial f}{\partial \boldsymbol{u}} = \frac{\partial f}{\partial x}\cos\theta + \frac{\partial f}{\partial y}\sin\theta$$

公式 13-3　方向导数和偏导数的关系

如果将 x、y 方向的偏导数组成的矢量叫作梯度（gradient）：

$$\nabla f(x, y) = \left(\frac{\partial f}{\partial x}, \frac{\partial f}{\partial y}\right)$$

那么方向导数还可以表示为梯度和方向 $\boldsymbol{u}$ 的点积：

$$\frac{\partial f}{\partial \boldsymbol{u}} = \nabla f(x, y) \cdot \boldsymbol{u} = \frac{\partial f}{\partial x}\cos\theta + \frac{\partial f}{\partial y}\sin\theta$$

显然，方向 $\boldsymbol{u}$ 和梯度的方向一致的时候，方向导数的值最大。这里取的方向 $\boldsymbol{u}$，就是梯度的方向。因而 x、y 方向的偏导数满足公式 13-4 的条件。

$$\frac{\dfrac{\partial f}{\partial y}}{\dfrac{\partial f}{\partial x}} = \tan\theta$$

公式 13-4　偏导数的方向

将公式 13-4 代入公式 13-2，得到偏导数如公式 13-5 所示。

$$\frac{\partial f}{\partial x} = \frac{\partial f}{\partial \boldsymbol{u}}\cos\theta = \lim_{\substack{w \to 0 \\ h \to 0}} \frac{f(x+w, y+h) - f(x, y)}{\sqrt{w^2 + h^2}}\cos\theta$$

$$\frac{\partial f}{\partial y} = \frac{\partial f}{\partial \boldsymbol{u}}\sin\theta = \lim_{\substack{w \to 0 \\ h \to 0}} \frac{f(x+w, y+h) - f(x, y)}{\sqrt{w^2 + h^2}}\sin\theta$$

公式 13-5　方向导数表示的偏导数

考虑两个特殊情况，$\boldsymbol{u}$ 和 x、y 方向重合的时候，方向导数和偏导数重合。

x 方向的方向导数（$\theta = 0°$，$h = 0$ 的特例）：

$$\frac{\partial f}{\partial \boldsymbol{u}}\bigg|_{\boldsymbol{u} \to x} = \lim_{\substack{w \to 0 \\ h = 0}} \frac{f(x+w, y) - f(x, y)}{w}$$

y 方向的方向导数（$\theta = 90°$，$w = 0$ 的特例）：

$$\frac{\partial f}{\partial \boldsymbol{u}}\bigg|_{\boldsymbol{u} \to y} = \lim_{\substack{w=0 \\ h \to 0}} \frac{f(x, y+h) - f(x, y)}{h}$$

Sobel 算子是通过将连续函数的方向导数离散化后近似得到的。其方法是：将图像分为 3×3 的方块，每个点的坐标用 (x, y) 表示，点的颜色任一分量用函数 $f(x, y)$ 来表示（颜色要考虑 RGBA 等多个通道的颜色信息，但是每个通道的计算方法是一样的，所以可以将 $f(x, y)$ 理解为某个颜色分量）。计算出边缘 8 个点到图像中心点的离散方向导数，根据这 8 个离散方向导数计算得到其在 x、y 方向的离散偏导数，并将离散偏导数沿 x、y 方向分别进行求和，就得到了 x、y 方向的 Sobel 算子。

离散方向导数是通过计算 3×3 图像的边缘点到中心点的离散方向导数得到的，如图 13-8 所示。

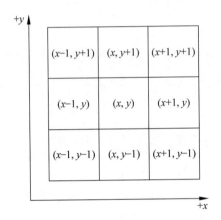

图 13-8　3×3 图像

方向导数离散化的方法是取 $|w| = 1$ 或者 0，$|h| = 1$ 或者 0。如果将点 (x, y) 相邻的点到点 (x, y) 的单位方向定义为 $\boldsymbol{u}$，方向 $\boldsymbol{u}$ 的离散方向导数如公式 13-6 所示。

$$D_{\boldsymbol{u}}f(x, y) = \frac{f(x+w, y+h) - f(x, y)}{\sqrt{w^2 + h^2}}$$

公式 13-6　离散方向导数

方向 $\boldsymbol{u}$ 的离散方向导数可以用 x、y 方向离散偏导数 $D_{\boldsymbol{u} \to x}f(x, y)$，$D_{\boldsymbol{u} \to y}f(x, y)$ 来表示，如公式 13-7 所示。

$$D_{\boldsymbol{u} \to x}f(x, y) = \frac{f(x+w, y+h) - f(x, y)}{\sqrt{w^2 + h^2}}\cos\theta$$

$$D_{\boldsymbol{u} \to y}f(x, y) = \frac{f(x+w, y+h) - f(x, y)}{\sqrt{w^2 + h^2}}\sin\theta$$

公式 13-7　离散偏导数

和连续方向导数一样，方向 $\boldsymbol{u}$ 和 x、y 方向重合的时候，离散方向导数也有两个特例。

x 方向的离散方向导数（$\theta = 0°$，$h = 0$ 的特例）：

$$D_{u \to x} f(x,y) = \frac{f(x+w,y) - f(x,y)}{|w|}$$

y 方向的方向导数（$\theta = 90°, w = 0$ 的特例）：

$$D_{u \to y} f(x,y) = \frac{f(x,y+h) - f(x,y)}{|h|}$$

下面根据离散偏导数公式 13-7，来计算 3×3 窗口边缘上的 8 个点到中心点的离散偏导数。

点 $(x+1,y)$ 到点 (x,y)，$w=1, h=0, \theta=0°$：

$$(f(x+1,y) - f(x,y))\cos 0°$$
$$(f(x+1,y) - f(x,y))\sin 0°$$

点 $(x+1,y+1)$ 到点 (x,y)，$w=1, h=1, \theta=45°$：

$$\frac{f(x+1,y+1) - f(x,y)}{\sqrt{2}} \cos 45°$$

$$\frac{f(x+1,y+1) - f(x,y)}{\sqrt{2}} \sin 45°$$

点 $(x,y+1)$ 到点 (x,y)，$w=0, h=1, \theta=90°$：

$$(f(x,y+1) - f(x,y))\cos 90°$$
$$(f(x,y+1) - f(x,y))\sin 90°$$

点 $(x-1,y+1)$ 到点 (x,y)，其中 $w=-1, h=1, \theta=135°$：

$$\frac{f(x-1,y+1) - f(x,y)}{\sqrt{2}} \cos 135°$$

$$\frac{f(x-1,y+1) - f(x,y)}{\sqrt{2}} \sin 135°$$

点 $(x-1,y)$ 到点 (x,y)，其中 $w=-1, h=0, \theta=180°$：

$$(f(x-1,y) - f(x,y))\cos 180°$$
$$(f(x-1,y) - f(x,y))\sin 180°$$

点 $(x-1,y-1)$ 到点 (x,y)，其中 $w=-1, h=-1, \theta=225°$：

$$\frac{f(x-1,y-1) - f(x,y)}{\sqrt{2}} \cos 225°$$

$$\frac{f(x-1,y-1) - f(x,y)}{\sqrt{2}} \sin 225°$$

点 $(x,y-1)$ 到点 (x,y)，其中 $w=0, h=-1, \theta=270°$：

$$(f(x,y-1) - f(x,y))\cos 270°$$
$$(f(x,y-1) - f(x,y))\sin 270°$$

点 $(x+1,y-1)$ 到点 (x,y)，其中 $w=1, h=-1, \theta=315°$：

$$\frac{f(x+1,y-1) - f(x,y)}{\sqrt{2}} \cos 315°$$

$$\frac{f(x+1,y-1) - f(x,y)}{\sqrt{2}} \sin 315°$$

对 x 方向的所有的偏导数求和,如公式 13-8 所示。

$$2f(x+1,y) + f(x+1,y+1) - f(x-1,y+1)$$
$$-2f(x-1,y) - f(x-1,y-1) + f(x+1,y-1)$$
$$= \begin{pmatrix} -1 & 0 & 1 \\ -2 & 0 & 2 \\ -1 & 0 & 1 \end{pmatrix} * \begin{pmatrix} f(x-1,y+1) & f(x,y+1) & f(x+1,y+1) \\ f(x-1,y) & f(x,y) & f(x+1,y) \\ f(x-1,x-1) & f(x,y-1) & f(x+1,y-1) \end{pmatrix}$$

公式 13-8 x 方向的 Sobel 算子

符号 * 表示卷积。和矩阵乘法不同的是,卷积是将两个矩阵对应位置的元素相乘后求和。如公式 13-8 所示,卷积符号左边的矩阵是 x 方向的 Sobel 算子(在不同的平台,这个算子的名称不同,有的被称作窗口,有的则被称作过滤器),右边矩阵则是 3×3 窗口上每一个点的颜色。

对 y 方向的所有的偏导数求和,如公式 13-9 所示。

$$f(x+1,y+1) + 2f(x,y+1) + f(x-1,y+1)$$
$$-f(x-1,y-1) - 2f(x,y-1) - f(x+1,y-1)$$
$$= \begin{pmatrix} 1 & 2 & 1 \\ 0 & 0 & 0 \\ -1 & -2 & -1 \end{pmatrix} * \begin{pmatrix} f(x-1,y+1) & f(x,y+1) & f(x+1,y+1) \\ f(x-1,y) & f(x,y) & f(x+1,y) \\ f(x-1,x-1) & f(x,y-1) & f(x+1,y-1) \end{pmatrix}$$

公式 13-9 y 方向的 Sobel 算子

卷积符号左边的矩阵是 y 方向的 Sobel 算子。

13.5.2　实现边缘检测

Skia 实现了很多种类的滤波器,用来实现图像处理。本章将使用卷积滤波器 SkMatrixConvolutionImageFilter 实现的 Sobel 算子来对图像进行边缘检测,如程序清单 13-19 所示。

程序清单 13-19　Skia 实现的图像边缘检测

```
# include "SkMatrixConvolutionImageFilter.h"
void draw(SkCanvas * canvas) {
  SkScalar kernel[9] = {
    SkIntToScalar(1), SkIntToScalar(2), SkIntToScalar(1),
    SkIntToScalar(0), SkIntToScalar(0), SkIntToScalar(0),
    SkIntToScalar(-1), SkIntToScalar(-2), SkIntToScalar(-1),
  };
  SkISize kernelSize = SkISize::Make(3, 3);
  SkScalar gain = 1.0f, bias = SkIntToScalar(0);
  SkIPoint kernelOffset = SkIPoint::Make(1, 1);
  auto tileMode = SkMatrixConvolutionImageFilter::kClamp_TileMode;
  bool convolveAlpha = false;
```

```
  sk_sp<SkImageFilter> convolve(SkMatrixConvolutionImageFilter::Make(
    kernelSize, kernel, gain, bias, kernelOffset, tileMode, convolveAlpha,
    nullptr));
  SkPaint paint;
  SkIRect subset = image->bounds();
  SkIRect clipBounds = image->bounds();
  SkIRect outSubset;
  SkIPoint offset;
  sk_sp<SkImage> filtered(image->makeWithFilter(
    convolve.get(), subset, clipBounds, &outSubset, &offset));
  paint.setAntiAlias(true);
  paint.setStyle(SkPaint::kStroke_Style);
  canvas->drawImage(filtered, 0, 0);
}
```

小　　结

　　Skia 是一种灵活的绘图接口,可以用于 3D 或者 2D 的场景。如果用正交投影来解释,Skia 可以用于 3D 场景。如果去掉正交投影,Skia 也可以用于一般的 2D 绘图。在不需要透视投影的场合,如果要对 2D 图形系统进行硬件加速,可以选择用 GL/Vulkan 等3D 接口来实现。但是如果同时有跨平台的需求,相比较直接用 GL/Vulkan 等 3D 接口进行加速,Skia 可能是更合适的选择。

　　除了绘图以外, Skia 还实现了一些图像处理的功能,如本章介绍的边缘检测。

第 14 章　一种通用的 GPU 多进程、多线程框架[①]

当前 3D 计算有两个发展趋势：一是 3D 场景变得越来越复杂，计算变得更加耗费资源；二是用户体验变得越来越重要。这就要求应用程序能够在越来越短的时间内处理用户的输入并完成渲染，实现更高的 FPS。一般而言，OpenGL ES 应用都是以单进程、单线程的形式将图形渲染到一个输出目标。对于某些复杂并要求好的体验的应用而言，单进程的框架已经成为制约程序性能的一个主要瓶颈。OpenGL ES 没有在标准层面提供 GPU 程序多进程化（或者多线程）的方案。作为区别于 OpenGL ES 标准的主要区别之一，新的 GPU 编程标准 Vulkan 则是针对多进程多线程的场景而设计的。

当前可供参考的 Vulkan 的内部实现的资料非常有限，所以本章不准备深入 Vulkan 的多进程、多线程模型。OpenGL ES 标准本身没有定义多进程、多线程的内容，但是应用程序通过合理的架构设计，可以实现多进程、多线程的 OpenGL ES 编程模型。开源项目 Chromium 浏览器就实现了一个多进程、多线程的 OpenGL ES 模型[②]。

Chromium 有着非常复杂的渲染流水线。为了能够及时响应用户的输入，并及时更新屏幕上的内容，Chromium 里面大量使用了多进程、多线程来提高流水线的执行效率。尤其是在 GPU 渲染部分，Chromium 通过多进程、多线程的 OpenGL ES 模型将负载合理地安排在 CPU 和 GPU 之间，从而提高系统的性能和改进用户体验。

本章将从 Chromium 的 OpenGL ES 相关的部分，抽象出一个通用的多进程、多线程的 OpenGL ES 框架，该框架能够更好地利用 CPU 多核心和 GPU 图形能力来提升性能。这个框架可以被用在其他的 OpenGL ES 应用里面。和所有的多进程、多线程框架一样，本章将重点论述资源是怎么共享，以及资源之间的同步互斥问题。

这个框架将 OpenGL ES 应用划分为三个部分：显示客户端（display client）、显示合成器（display compositor）、GPU 服务（GPU service）。显示客户端和显示合成器都是 GPU 服务器的客户端，所以也称它们为 GPU 客户端（GPU client）。

（1）显示客户端：同时也是 GPU 客户端，是内容的生产者，可以有多个生产者。通过命令缓冲区（command buffer），显示客户端会把图形数据写入资源（资源可以是纹理，也可以是共享的位图）。

（2）显示合成器：另一个 GPU 客户端，是内容的消费者。显示合成器会消费（采样）

---

①　本章的主要内容最初发表在 https://www.ibm.com/developerworks/cn/opensource/os-lo-common-opengl-es-multithreading-framwork/index.html。

②　可以从这里下载 Chromium 的完整代码并尝试文中提到的多进程多线程框架，http://www.chromium.org/developers/how-tos/get-the-code。

显示客户端生成的资源。

（3）GPU 客户端：显示客户端和显示合成器都是 GPU 客户端。GPU 客户端通过命令缓冲区给 GPU 服务发送绘图命令。GPU 客户端的命令缓冲区接口封装在 GLES2 Implementation。GLES2Implementation 提供的接口和 OpenGL ES 的 API 很类似，原生 OpenGL 的接口都是以 gl 开头，GLES2Implementation 提供的接口则是以 GLES2Implementation::开头，两者基本上是一一对应的，所以 GPU 客户端的实现和原生的 OpenGL ES 应用很相似。在不影响读者理解的情况下，本章有时候将显示客户端和显示合成器都称作 GPU 客户端。另外，如果是 GLES2Implementation 的接口，会去掉前缀 GLES2Implementation::。这不会和以 gl 开头的原生 OpenGL ES 接口冲突。

（4）GPU 服务：解析来自 GPU 客户端的命令，并将这些命令发送给 OpenGL ES 驱动去执行。

GPU 客户端（显示客户端、显示合成器）和 GPU 服务之间的关系如图 14-1 所示。

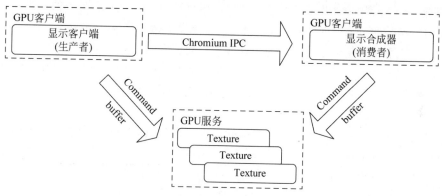

图 14-1　GPU 客户端和 GPU 服务

要注意的是，Chromium 实现了两种 IPC 来支持这个框架：命令缓冲区和 Chromium IPC。GPU 客户端和 GPU 服务端之间通过命令缓冲区进行绘图命令的发送和接收。两个 GPU 客户端（显示客户端和显示合成器）之间，则是通过 Chromium IPC 进行数据的传递。换句话说，命令缓冲区的一头连接的是命令的生产者（GPU 客户端，包括显示客户端和显示合成器），另一头连着命令的消费者（GPU 服务）。Chromium IPC 的一头连着资源的生产者（显示客户端），另一头连着资源的消费者（显示合成器）。

为了在 GPU 客户端 GPU 服务之间共享资源，Chromium 实现了 Mailbox。为了保证资源在生产者和消费者之间能够被正确地共享，Chromium 又实现了 Sync 标记来保证资源的读写是互斥的。Mailbox、Sync 标记的实现都是基于命令缓冲区的。对于 GPU 客户端，具体的实现是在 GLES2Implementation。在 GPU 服务端则实现了相应的 CommandBufferStub。

Mailbox 在不同的命令缓冲区上下文之间共享纹理资源。Mailbox 基于命令缓冲区，它增加了三个接口：GenMailboxCHROMIUM、ProduceTextureDirectCHROMIUM、CreateAndConsumeTextureCHROMIUM。纹理的生产者调用 ProduceTextureDirectCHROMIUM，消费者调用 CreateAndConsumeTextureCHROMIUM。

Mailbox 本身不保证对这个共享纹理的读写是互斥的。这个互斥是通过 Sync 标记实现的,所以它总是和 Sync 标记一起使用。

命令缓冲区的基本思想是:GPU 客户端向指定的共享内存写入命令,同时通过 IPC 告知 GPU 服务其往共享内存写了多少数据。然后 GPU 服务从这个共享内存里面读取这些命令。最后就是对这些命令进行解析,并发送给原生的 OpenGL ES 驱动。在 Chromium 里面,命令缓冲区的实现在 CommandBufferProxyImpl-CommandBufferStub 对象里面。GPU 客户端通过 CommandBufferProxyImpl 往 GPU 服务发送命令。不过 GPU 客户端通常不直接使用 CommandBufferProxyImpl,而是使用更高级的封装了 CommandBufferProxyImpl 的 GLES2Implementation。GLES2Implementation 实现了类似 OpenGL ES 的接口。除非特殊需要,否则不会去区分 CommandBufferProxyImpl 和 GLES2Implementation。对每个 GPU 客户端,GPU 服务会创建一个相应的 CommandBufferStub。CommandBufferStub 接收来自 GPU 客户端的命令。要注意的是,这里有两种类型的 GPU 命令:①从 GPU 客户端发送给 GPU 服务的 GPU 命令,这个命令的传输是通过命令缓冲区实现的;②从 GPU 服务发送给原生 OpenGL ES 驱动的 GPU 命令,这个命令是通过调用 OpenGL ES 驱动实现的。对于 GPU 客户端,会有一个命令缓冲区上下文(context)。这个上下文和 OpenGL ES 的上下文很类似,都是用于维护全局数据。由于本章讨论的是位于两个进程线程的 GPU 客户端,所以每个进程/线程里面都有一个命令缓冲区上下文。

本章讨论的是 GPU 的多进程多线程的一种参考实现,对应到具体的 Chromium:显示客户端位于 Renderer 进程,显示合成器位于浏览器 UI 进程(以后可能迁移到 GPU 进程)。GPU 服务,以及对原生 OpenGL ES 驱动的调用都是发生在 GPU 进程的。Renderer 进程和浏览器进程都是通过命令缓冲区向 GPU 进程提交命令。

本章将按下面的顺序展开。

(1) 资源。资源是生产者和消费者之间共享的图像数据。

(2) 同步。同步用于保证消费者的读发生在生产者的写之后。同时还用来安全地删除资源。这是实现多进程的关键所在。

(3) 资源的生命周期。描述了资源如何在进程间共享,这能够让读者完整地理解整个流程。

(4) 小结。

14.1 资　　源

资源就是在显示客户端和显示合成器之间共享的 OpenGL ES 纹理或者共享的位图。本章只讨论基于纹理的资源。在 Chromium 里面,有了 Mailbox 和 Sync 标记,纹理资源就能够安全地在 GPU 客户端之间共享:一个 GPU 客户端生产资源,另一个消费。GPU 客户端位于不同的进程,也可以是同一个进程的不同线程。

在 GPU 客户端里面,资源通常是用一个纹理 ID 来表示的。只有当资源需要从一个

GPU 客户端传送给另一个 GPU 客户端的时候,才需要把这个纹理 ID 转换为 Mailbox。在 GPU 服务里面,资源就是服务 ID,以及一个相应的纹理对象。

1. 资源的分类

目前有三种类型的资源可以在 GPU 客户端之间共享:

```
enum class ResourceType {
  kGpuMemoryBuffer,
  kTexture,
  kBitmap,
};
```

kGpuMemoryBuffer 类型的资源不是通过 OpenGL ES 接口申请的,但通过 Chromium 图片扩展[①]的封装,可以当作 OpenGL ES 纹理来使用。kBitmap 是共享的位图。kTexture 就是 OpenGL ES 标准意义上的纹理。本节仅讨论 kTexture 类型,所以资源和纹理就没必要进一步区分了。

2. 纹理 ID、服务 ID、纹理对象

GPU 客户端的命令缓冲区实现了类似 OpenGL ES 的接口,所以对于命令缓冲区的纹理相关的接口,可以直接使用纹理 ID 实现对纹理的读写,这和原生的 OpenGL ES 应用是一样的。纹理 ID 是 GLuint 类型。对于 GPU 服务的同一个纹理对象,在不同的 GPU 客户端,其纹理 ID 通常是完全不同的。为了在两个客户端之间共享纹理信息,抽象出了 Mailbox。有了 Mailbox,两个 GPU 客户端可以使用不同的纹理 ID,来操作同一个纹理对象。服务 ID 是一个纯粹的 GPU 服务的概念,等价于原生的 OpenGL ES 的纹理 ID。在 GPU 服务端,每个服务 ID 有一个对应的纹理对象。纹理对象则封装了服务 ID 和纹理的目标(target)信息(目标可以是 GL_TEXTURE_2D 等)。

14.2 纹理 Mailbox 扩展

纹理 Mailbox 扩展[②]定义了在不同上下文之间共享纹理资源的方法。这里不同的上下文,指的是不同的命令缓冲区上下文。纹理 Mailbox 主要实现了下面的接口。

(1) GenMailboxCHROMIUM:生成 Mailbox,由 GPU 客户端里面的生产者进行调用。

(2) ProduceTextureDirectCHROMIUM:将纹理 ID 和 Mailbox 关联起来。注意,

---

① Chromium 图片扩展,https://chromium. googlesource. com/chromium/src/gpu/+/master/GLES2/extensions/CHROMIUM/CHROMIUM_image. txt。

② 纹理 Mailbox 扩展,https://chromium. googlesource. com/chromium/src/gpu/+/master/GLES2/extensions/CHROMIUM/CHROMIUM_texture_mailbox. txt。

GPU 客户端里面的生产者会在调用这个之前先调用 BindTexture。BindTexture 会把纹理 ID 和 GPU 服务端的纹理对象关联起来。

（3）CreateAndConsumeTextureCHROMIUM：返回一个新的纹理 ID，这个纹理 ID 会和 Mailbox 关联的纹理对象关联起来。这一步发生在 GPU 客户端的消费者里面。

生产者（显示客户端）使用 GenMailboxCHROMIUM 和 ProduceTextureDirectCHROMIUM 将纹理 ID 封装成 Mailbox。当 Mailbox 到达了消费者（显示合成器），CreateAndConsumeTextureCHROMIUM 会将这个 Mailbox 解析为一个新的纹理 ID。消费者里面的这个新的纹理 ID 和生产者里面的那个纹理 ID 映射到了同一个纹理对象。所以生产者和消费者使用了不同的纹理 ID 来实现对同一个纹理对象的读写，具体如图 14-2 所示。

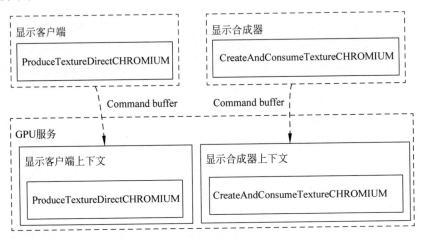

图 14-2　纹理 Mailbox 扩展

14.3　同步 Sync 标记扩展

所有多进程、多线程的问题，最核心的就是要处理好数据的同步访问。

同步是通过同步 Sync 标记扩展[①]来实现的。它定义了下面这些接口。

（1）GenSyncTokenCHROMIUM/GenUnverifiedSyncTokenCHROMIUM：往当前上下文的命令流里面插入一个 Fence（Fence 是 Sync 标记的内部实现，在本章读者可以将 Sync 标记理解为 Fence），并返回一个 Sync 标记。

（2）VerifySyncTokensCHROMIUM：用来检查这个 Sync 标记是否是当前进程产生的。

（3）WaitSyncTokenCHROMIUM：如果它等待的 Sync 标记处于非激活状态，让当前的上下文停止发送 GPU 命令，直到这个 Sync 标记被激活。

---

① 同 步 Sync 标 记 扩 展，https://chromium. googlesource. com/chromium/src/gpu/+/master/GLES2/extensions/CHROMIUM/CHROMIUM_sync_point. txt.

显示客户端调用 GenUnverifiedSyncTokenCHROMIUM 生成 Sync 标记,并给当前的命令缓冲区插入一个 Fence。每次 Fence 被插入的时候,GPU 服务会把所有等待这个 Fence(或者这个 Fence 之前的其他 Fence)的 GPU 客户端对应的命令调度进来执行。Sync 标记生成之后,通过 IPC 发送给显示合成器。如果显示合成器要对这个资源进行读,就需要调用 WaitSyncTokenCHROMIUM 来等待资源可用。

有意思的是,WaitSyncTokenCHROMIUM 并不会阻塞 GPU 客户端,所以 GPU 客户端可以继续往 GPU 服务端发送命令。在 GPU 服务端里面,如果这个被等待的 Sync 标记没有处于激活状态,相应 GPU 客户端的命令缓冲区会被调度出去,一直到 GPU 服务检测到了来自另一个 GPU 客户端的 GenSyncTokenCHROMIUM/GenUnverifiedSyncTokenCHROMIUM 命令,被调度出去的命令缓冲区才有机会被调度进来。

在每个 GPU 客户端里面,同一个 GLES2Implementation 发送的 GPU 命令,GPU 服务会以相同的顺序把这些命令发送给 GPU 驱动。但是在 GPU 服务里面,显示合成器对资源的读命令有可能在显示客户端对资源的写之前到达 GPU 服务,因为这两者是不同的 GLES2Implementation。也就是说,哪个 GPU 客户端的命令先到达 GPU 服务端是不确定的。如图 14-3 所示,命令到达 GPU 服务端的顺序可能是:

(1)显示客户端 ProduceTextureDirectCHROMIUM。

(2)显示客户端 GenUnverifiedSyncTokenCHROMIUM。

(3)显示合成器 WaitSyncTokenCHROMIUM。

(4)显示合成器 CreateAndConsumeTextureCHROMIUM。

也可能是:

(1)显示合成器 WaitSyncTokenCHROMIUM。

(2)显示合成器 CreateAndConsumeTextureCHROMIUM。

(3)显示客户端 ProduceTextureDirectCHROMIUM。

(4)显示客户端 GenUnverifiedSyncTokenCHROMIUM。

如果显示客户端的 GenUnverifiedSyncTokenCHROMIUM 比显示合成器的 WaitSyncTokenCHROMIUM 先到达,那就将当前的 Sync 标记修改为激活状态,然后继续解析执行后面的命令,一直到 GPU 服务解析 WaitSyncTokenCHROMIUM 的时候。由于之前显示客户端的 Sync 标记处于激活状态,所以就不会把当前的命令缓冲区调度出去,会继续执行后面的 CreateAndConsumeTextureCHROMIUM。这保证了 ProduceTextureDirectCHROMIUM 发生在 CreateAndConsumeTextureCHROMIUM 之前。

如果命令以相反的顺序到达,GenUnverifiedSyncTokenCHROMIUM 在 WaitSyncTokenCHROMIUM 之后到达,由于相应的 Sync 标记处于未激活状态,合成器的命令缓冲区就会被调度出去。等到显示客户端的 GenUnverifiedSyncTokenCHROMIUM 到达 GPU 服务端并被解析后,Sync 标记会被激活,显示合成器的命令缓冲区也会被调度进来,进而开始执行 CreateAndConsumeTextureCHROMIUM。因而也能保证 ProduceTextureDirectCHROMIUM 发生在 CreateAndConsumeTextureCHROMIUM 之前。

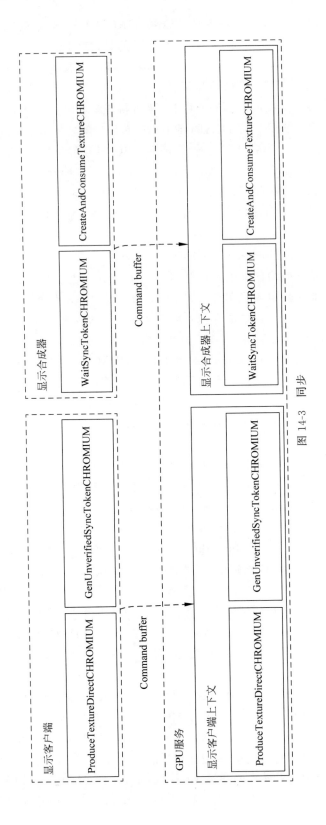

图 14-3　同步

这里的核心概念是,等待一个 Sync 标记并不会导致 GPU 客户端被阻塞。等待的实质是,GPU 客户端发送给 GPU 服务的命令,暂时不会被执行。

14.4　资源的生命周期

通常原生 OpenGL ES 应用在单进程的情形,其使用纹理的时候主要调用下面这些接口。

(1) glGenTextures,创建纹理。

(2) glBindTexture,绑定纹理。

(3) glTexImage2D,提交纹理数据。

经过上述这些操作后,就可以调用 glDraw * 来对纹理进行读写。读写结束后,调用 glDeleteTextures 来删除纹理。

多进程的情况下常见的应用模式是,多个生产者一个消费者,例如 Chromium 的合成器。

要实现纹理资源在不同进程线程的上下文之间的共享,其实现方法和原生的 OpenGL ES 程序有很大的区别,可以总结为三部分:显示客户端写、显示合成器读、删除资源。

1. 显示客户端写

(1) 显示客户端创建资源,返回纹理 ID。

(2) 显示客户端将纹理 ID 绑定到纹理对象。当然,这实际上是在 GPU 服务里面完成的。

(3) 显示客户端写资源。这和原生的 OpenGL ES 程序没什么区别,只是其执行上下文是 GLES2Implementation。本节不对这一步进行深入讨论。

(4) 显示客户端准备 Mailbox。Mailbox 是通过纹理 ID 生成的,通过 IPC 可以发送到其他进程。

(5) 显示客户端生成写 Sync 标记。

(6) 显示客户端将资源封装为 Mailbox 和 Sync 标记之后,通过 IPC 发送给显示合成器。

2. 显示合成器读

(1) 显示合成器收到来自其客户端的资源,将里面的 Mailbox 转换为纹理 ID。

(2) 当显示合成器要对一个资源进行读(采样)的时候,需要先等到附加在资源上的写 Sync 标记。这个在同步章节已经讨论过了,略过。

(3) 当显示合成器等到的写 Sync 标记被激活之后,就会生成一个新的纹理 ID。

(4) 显示合成器绑定上面生成的新纹理 ID。

(5) 绑定好了新纹理 ID,显示合成器就可以对资源进行采样(也就是读)了,然后做各种后期处理。这个也和原生 OpenGL ES 程序是一样的,略过。

3．删除资源

（1）当显示合成器对资源的采样结束,就可以开始删除资源了。这一步的删除,并不是真正地删除资源,它删除的仅仅是 GPU 服务里面的来自显示合成器的部分数据。GPU 服务里面的纹理对象并没有删除。合成器还会为这些要删除的资源准备读 Sync 标记。这个读 Sync 标记的用途和前面的写 Sync 标记用途差不多。写 Sync 标记是为了保证读的时候,写已经结束了。读 Sync 标记则是为了保证删除的时候,读已经结束了。这个序列可以描述为:写;检查写 Sync,读;检查读 Sync,删除。

（2）显示合成器将上面准备好的资源通过 IPC 送回给生成资源的显示客户端,略过。

（3）当显示客户端收到来自显示合成器返回的待删除资源时,在做进一步删除资源之前,它需要等待读 Sync 标记被激活,略过。

（4）当读 Sync 标记被激活的时候,显示客户端就可以真正发起删除资源的命令;这一步会导致 GPU 服务里面的纹理对象,以及其他所有相关的辅助数据的删除。

正如同步部分描述的,无论哪个 GPU 客户端的命令先到达,Sync 标记都可以保证写读按照安全的顺序执行。基于这一事实,我们在这里讨论的生命周期的顺序,是以 GPU 服务将相应 GPU 客户端的命令发送给 GPU 服务来解释的。但是事实上,对于 GPU 客户端,读和写是可以乱序执行的。所以读者在理解上面这些步骤的时候,要将"显示客户端写"理解为显示客户端的写命令被 GPU 服务解释执行,"显示合成器读"理解为显示合成器的读命令被 GPU 服务解释执行。

资源在显示客户端和显示合成器之间传递的时候,其状态转换如图 14-4 所示。

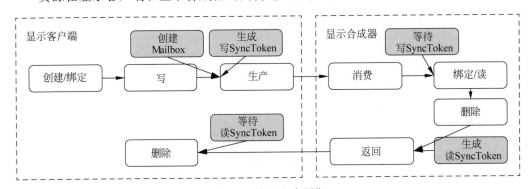

图 14-4　资源生命周期

14.4.1　显示客户端生产资源

显示客户端通过 GPU 服务创建真实的纹理资源,写入用户数据。在数据写结束后（并不是真实的写结束,仅仅是给命令缓冲区提交了写命令）,生成写 Sync 标记、Mailbox,并将这两个信息通过 IPC 发送给显示合成器。

1. 显示客户端创建资源

资源的创建需要显示客户端和 GPU 服务协同工作。显示客户端调用 GenTextures 生成纹理 ID(texture id)，并将这个纹理 ID 发送给 GPU 服务。在 GPU 服务端，调用原生的 glGenTextures 来获得服务 ID(service id)，该服务 ID 对应真实的 GPU 纹理。然后 GPU 服务就可以将显示客户端传来的纹理 ID 和自己生成的服务 ID 组成一个数据对 < Texture id：Service id >，插入到一个 map 里面，以备后续查询使用。这个过程不需要显示合成器的参与。

图 14-5 是显示客户端、显示合成器和 GPU 服务三者的数据变化，以白色字体标出发生了变化的部分。

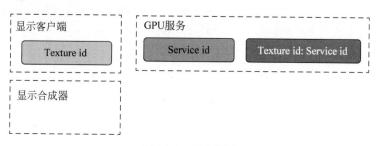

图 14-5　创建资源

2. 显示客户端绑定资源

在资源创建好了之后，显示客户端调用 BindTexture 来实现对资源的绑定。GPU 服务调用 glBindTexture 来实现原生的绑定。同时 GPU 服务会创建纹理对象(texture object，图中记作 Texture obj)，并将< Texture id：Texture obj > 插入一个 map 里面。纹理对象包含服务 ID 和纹理目标(target)等信息。绑定结束后，客户端就可以通过纹理 ID 来引用 GPU 服务里面的纹理对象，并对这个纹理进行数据写入。

绑定之后的数据状态如图 14-6 所示。

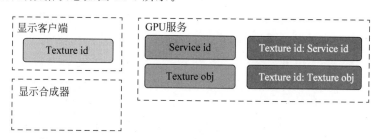

图 14-6　绑定资源

3. 显示客户端生成 Mailbox

客户端调用 GenMailboxCHROMIUM 来通知 GPU 服务创建 Mailbox。创建的

Mailbox 对象只有一个名字成员,这个名字其实是一个 16 字节的随机数。

ProduceTextureDirectCHROMIUM 传入纹理 ID,返回 Mailbox 的名字。相应地,GPU 服务会将< Texture obj:Mailbox > 和 <Mailbox:Texture obj > 分别插入两个 map 里面,如图 14-7 所示。

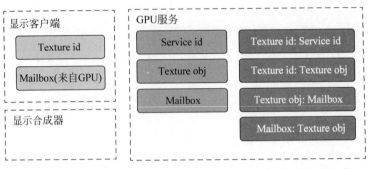

图 14-7　创建 Mailbox

4. 显示客户端创建写 Sync 标记

在客户端创建好 Mailbox 之后,如果要把资源发送给显示合成器,还需要调用 GenUnverifiedSyncTokenCHROMIUM 创建一个写 Sync 标记,并将这个标记和资源的 Mailbox 一起发送给显示合成器。GPU 服务的工作就是循环解析来自客户端的命令。如果碰到了 GenUnverifiedSyncTokenCHROMIUM,而且有客户端正在等待这个 Sync 标记或者这个 Sync 标记之前的 Sync 标记,那就会将这些处于等待状态的命令缓冲区设置为运行状态,参与命令的分发。

Sync 标记的创建不会影响资源的数据结构。

14.4.2　显示客户端到显示合成器的 IPC

IPC 不会修改资源的状态,它只是将 Mailbox 从显示客户端传递给显示合成器。IPC 传递的数据包括 Mailbox 以及 Sync 标记。IPC 结束后,显示合成器里面多了一个 Mailbox 的拷贝(包括 Sync 标记),如图 14-8 所示。

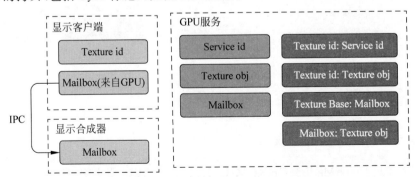

图 14-8　显示客户端到显示合成器 IPC

14.4.3　显示合成器使用资源

读取资源的过程是在原生 OpenGL 程序读取纹理的过程的基础上，增加了 Mailbox 和 Sync 标记相关的操作。

1．显示合成器消费资源

消费一个资源之前，要先检查附加在该资源上的 Sync 标记是否处于触发(signal)状态，否则该命令缓冲区会被调度出去。显示合成器消费资源是指显示合成器把来自显示客户端的 Mailbox 转换为一个新的纹理 ID，就是图 14-9 里面的 Texture id 2。此外，GPU 服务会把 < Texture id 2：Service id >和< Texture id 2：Texture obj > 插入到两个不同的 map。

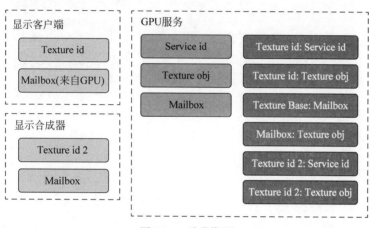

图 14-9　消费资源

到这一步后，两个 GPU 客户端的纹理 ID 1、纹理 ID 2 都准备好了，并且它们都映射到了 GPU 服务里面的同一个纹理对象。这个时候显示客户端可以往 ID 1 里面写。显示合成器可以开始读取 ID 2。当然，就如在同步部分谈到的，写和读其实会被 GPU 服务顺序执行的。

2．显示合成器绑定纹理

显示合成器给 GPU 服务发送绑定纹理的 BindTexture 命令。GPU 服务调用 glBindTexture 来完成实际的绑定，这和显示客户端的绑定类似。但上一步已将< Texture id 2：Texture obj >插入到 map 里面去了，所以这一次没必要了。这一步也不会改变资源的状态。绑定结束后，合成器就可以对资源进行采样了。

14.4.4　删除资源

删除会发生两次。一次在显示客户端，一次在显示合成器里面。但是真正会删除原生纹理的，是纹理的创建者显示客户端完成的。两次删除可以保证所有的相关数据会被删除,同时,它也让用户对命令缓冲区的调用和对原生 OpenGL ES 的调用更相似。

1. 显示合成器删除资源

在显示合成器删除资源之前,显示合成器会为待删除资源创建一个读 Sync 标记。显示客户端的纹理 ID 和新创建的读 Sync 标记会被保留下来,并返回给显示客户端(为了简洁,读 Sync 标记相关的部分在图 14-10 中没有标注)。

显示合成器删除 Texture id 2 以及从显示客户端复制来的 Mailbox。此外,GPU 服务里面 Texture id 2 相关的数据结构也会被清除。在本次删除结束后,GPU 服务和两个 GPU 客户端的数据结构如图 14-10 所示。

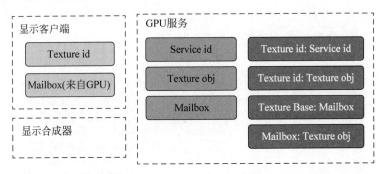

图 14-10　显示合成器删除资源

2. 显示客户端删除资源

显示合成器在执行删除的时候,会返回一个纹理 ID(注意这个 ID 其实是来自显示客户端)和读 Sync 标记。显示客户端会检查这个读 Sync 标记是否已经没有人在读,如果没有就可以对返回的纹理 ID 执行删除操作。这是第二次删除,会导致所有纹理 ID 相关的数据,以及原生的纹理被删除。

小　　结

随着桌面平台、移动平台的 CPU 核心越来越多,使用多进程多线程的结构来利用多 CPU 核心的能力已经非常普遍了。同时,GPU 在各种计算设备上也得到了普及和加强。这要求应用不仅要能够合理利用 CPU 的多核心能力,还需要在 CPU 多核心和 GPU 之间找到平衡,以提供最佳的用户体验。基于开源 Chromium 浏览器实现的 Chrome 浏览器,能够在市场上赢得大量的用户,证明了 Chromium 在性能和用户体验上有优势。而对 CPU 多核心和 GPU 图形能力进行优化和均衡,是 Chromium 浏览器渲染流水线优化的关键一环,对总体性能的提升和用户体验的改善更是功不可没。本章将 Chromium 浏览器里面专用的框架抽象为通用的多进程多线程的 OpenGL ES 框架,并重点分析了资源的共享和同步问题。开发者可以参考并应用这个框架到其他性能关键的 OpenGL ES 应用程序里面。

参 考 文 献

[1] Donald Hearn,M PaulineBaker. 计算机图形学[M].3 版. 蔡士杰,宋继强,蔡敏,译. 北京:电子工业出版社,2010.

[2] Fletcher Dunn,Ian Parberry. 3D 数学基础:图形与游戏开发[M]. 史银雪,陈洪,王荣静,译. 北京:清华大学出版社,2005.

[3] 王棉森,马知恩. 工科数学分析基础[M].2 版. 北京:高等教育出版社,2006.

[4] The Khronos Vulkan Working Group. Vulkan 1. 1. 113-A Specification. https://www. khronos. org/registry/vulkan/specs/1.1-extensions/html/vkspec. html,2019.

[5] Khronos Group. OpenGL and OpenGL ES Reference Pages. https://www. khronos. org/registry/OpenGL-Refpages/,2019.

[6] 李晓彤,岑兆丰. 几何光学·像差·光学设计[M]. 杭州:浙江大学出版社,2003.

图书资源支持

感谢您一直以来对清华版图书的支持和爱护。为了配合本书的使用，本书提供配套的资源，有需求的读者请扫描下方的"书圈"微信公众号二维码，在图书专区下载，也可以拨打电话或发送电子邮件咨询。

如果您在使用本书的过程中遇到了什么问题，或者有相关图书出版计划，也请您发邮件告诉我们，以便我们更好地为您服务。

我们的联系方式：

地　　　址：北京市海淀区双清路学研大厦 A 座 701

邮　　　编：100084

电　　　话：010-83470236　　010-83470237

资源下载：http://www.tup.com.cn

客服邮箱：2301891038@qq.com

QQ：2301891038（请写明您的单位和姓名）

资源下载、样书申请

书圈

扫一扫，获取最新目录

课 程 直 播

用微信扫一扫右边的二维码，即可关注清华大学出版社公众号"书圈"。